全国水利行业规划教材 高职高专水利水电类
中国水利教育协会策划组织

水土保持生态建设概论

（第2版）

主　编　王青兰
副主编　张德喜　朱友聪
　　　　刘　勤　王玉生
主　审　杨绍平

黄河水利出版社
·郑州·

内 容 提 要

本书是全国水利行业规划教材,是根据中国水利教育协会全国水利水电高职教研会制定的水土保持生态建设概论课程教学大纲编写完成的。本书内容包括水土保持生态建设基本原理、水土流失形式及影响因素、水土保持措施、水土保持规划、不同区域水土保持生态建设措施、水土保持动态监测和监督以及开发建设项目水土保持等。本书力求反映当前水土保持生态建设的主要内容及发展趋势,将水土保持学科的基本知识与新知识、新成果和新技术在实践中的应用相融合,以增强人们的生态意识,促使生产活动及各类开发建设项目的实施与保护生态环境、防治水土流失相结合,使水土保持生态建设在支撑经济社会可持续发展中发挥重要的作用。

本书可作为高职高专院校水利水电工程、农业水利工程、水利水电工程管理、水文水资源等水利类专业,以及建筑工程、农学、环境工程、城镇建设和工矿业开发等专业的教科书,并可供农业、林业、水利、环境保护、城市管理等部门及相关科研单位、生产单位的有关人员参考使用。

图书在版编目(CIP)数据

水土保持生态建设概论/王青兰主编. —2 版. —郑州:黄河水利出版社,2012.8 (2017.1 修订重印)

全国水利行业规划教材

ISBN 978 – 7 – 5509 – 0331 – 9

Ⅰ.①水… Ⅱ.①王… Ⅲ.①水土保持 – 生态环境 – 环境保护 – 高等学校 – 教材 Ⅳ.S157.2

中国版本图书馆 CIP 数据核字(2012)第 165497 号

组稿编辑:王路平 电话:0371 – 66022212 E-mail:hhslwlp@ 163. com

出 版 社:黄河水利出版社 网址:www. yrcp. com

地址:河南省郑州市顺河路黄委会综合楼 14 层 邮政编码:450003

发行单位:黄河水利出版社

发行部电话:0371 – 66026940、66020550、66028024、66022620(传真)

E-mail:hhslcbs@ 126. com

承印单位:河南承创印务有限公司

开本:787 mm × 1 092 mm 1/16

印张:10.5

字数:240 千字 印数:3 101—6 000

版次:2008 年 8 月第 1 版 印次:2017 年 1 月第 2 次印刷

2012 年 8 月第 2 版

2017 年 1 月修订

定价:23.00 元

再版前言

本书是根据《教育部、财政部关于实施国家示范性高等职业院校建设计划,加快高等职业教育改革与发展的意见》(教高[2006]14号)、《教育部关于全面提高高等职业教育教学质量的若干意见》(教高[2006]16号)等文件精神,由全国水利水电高职教研会拟定的教材编写规划,在中国水利教育协会指导下,由全国水利水电高职教研会组织编写的第二轮水利水电类专业规划教材。第二轮教材以学生能力培养为主线,具有鲜明的时代特点,体现出实用性、实践性、创新性的教材特色,是一套理论联系实际、教学面向生产的高职高专教育精品规划教材。

随着高新科学技术的迅猛发展,城市化、工业化进程的加快以及各类开发建设如公路建设、铁路建设、水利工程建设、电力工程建设、工矿企业建设等项目的增多,人们对自然生态环境的影响越来越突出。目前,人们面临着人口、资源和环境三大难题,水土流失作为我国的头号环境问题,直接影响着我国经济社会的可持续发展,并成为影响生态安全的最大隐患。因此,水土保持作为生态环境建设的主体和环境保护的重要组成部分,已引起全社会的高度重视。水土保持生态建设的内容从行政执法、预防监督、水土保持方案编制、水土保持动态监测和小流域综合防治等方面已渗透和应用到全社会的各类生产建设活动中。

为增强人们在各类生产建设活动中的生态环境保护意识,使各类生产建设活动与水土保持生态建设的内容有机结合,更好地发挥水土保持生态建设支撑经济社会可持续发展的重要作用,本书以水土保持生态建设的基本理论和基础知识为核心,以生产建设活动最为频繁、水土流失最为严重的区域为重点,介绍了水土保持生态建设的具体内容。本书理论部分含有实例,应用部分渗透着相关的基本理论,二者相辅相成,具有突出实际、实用和实践性强的特点。

在本书第1版出版后的4年中,我国颁布了《开发建设项目水土保持技术规范》(GB 50433—2008)和《开发建设项目水土流失防治标准》(GB 50434—2008)。1991年6月29日第七届全国人民代表大会常务委员会第二十次会议通过的《中华人民共和国水土保持法》(简称《水土保持法》)于2010年12月25日第十一届全国人民代表大会常务委员会第十八次会议上进行了修订。新修订的《水土保持法》已于2011年3月1日起正式施行。这些具有里程碑意义的标准和法律的施行,使水土保持生态建设的内容得到全社会各领域的高度关注和具体落实,水土保持生态建设在改善生态环境、保护和合理利用水土资源、减免自然灾害、维持经济社会可持续发展方面的作用愈加深入人心。同时水土保持生态建设的内容也在实践中不断完善,水土保持生态建设的新技术、新工艺也在实践中得到了广泛的推广应用。修订后的《水土保持法》第三条指出:水土保持工作实行预防为主、保护优先、全面规划、综合治理、因地制宜、突出重点、科学管理、注重效益的方针。从法律的高度突出强调了预防为主、保护优先的内容,加快事后治理向事前保护转变的步伐,以此来预防人为不合理的活动而导致新的水土流失的形成，从源头上控制水土流失，促进生态环境的改善。各行业、企业和个人在实际生产建设活动中必须落实相关法律法规的内容。《水土保持法》中还确定了水土保持规划、水土保持监测预报、预防监督和水土保持方案编制等水土保持生态建设内容的法律地位，从行政执法的角度使水土保持生态建设的内容渗透和落实到全社会的各个领域。

根据水土保持学科发展的新特点并结合各类生产建设活动采取主要防治措施的类型和技术要点，本书第2版对第1版各章节疏漏的内容作了一定的补充和完善，重点扩充了水土保持工程措施、水土保持规划、水土保持监测与监督和水土保持方案编制等方面的内容，使各类生产建设活动的工程建设内容和水土保持生态建设的内容相互结合，相互补充，全面落实水土保持防治措施和"三同时"制度，确保水土保持生态建设在支撑经济社会可持续发展中发挥应有的作用。

本书编写人员及编写分工如下：山西水利职业技术学院王青兰（绪论、第一章、第二章、第八章），河南水利与环境职业学院张德喜（第三章、第九章），浙江同济科技职业学院朱友聪（第四章、第七章），四川水利职业技术学院刘勤（第五章、第六章），山西水利职业技术学院王玉生（第十章）。本书由王青兰担任主编并负责全书统稿，由张德喜、朱友聪、刘勤、王玉生担任副主编，由四川水利职业技术学院杨绍平担任主审。

本书在编写过程中，参考和引述了国内相关教材、著作和许多专家近年研究的新成果。北京林业大学水土保持学院院长余新晓教授、山西省水土保持科学研究所副所长（高级工程师）杨才敏、山西省水土保持科学研究所高级工程师曲继宗等给予了热情的指导和帮助；杨凌职业技术学院张淑英教授提出了不少宝贵的建议；山西水利职业技术学院水利工程系、建筑工程系、道路与桥梁工程系和教务处等部门给予了大力的支持。在此谨向他们表示诚挚的谢意！

由于编写时间仓促，编者的理论知识水平和实践经验所限，书中缺点、错误及不足之处在所难免，衷心希望读者对本书提出意见和建议。

编　者

2017 年 1 月

目　录

绪　论

一、水土保持对实施可持续发展战略的重要意义

随着高新科学技术的迅猛发展,城市化、工业化进程的加快,以及各类开发建设如公路铁路建设、水利工程建设、电力工程建设、工矿企业建设等项目的增多,致使人类社会经济活动的规模和范围急剧扩张,造成人类对自然资源的过度利用和环境的严重破坏,大面积的草场逐渐退化,森林资源不断减少,自然景观基质严重破碎,导致了生态平衡失调,由此引发了一系列的生态危机。如绿洲沦为荒漠、水土大量流失、干旱缺水严重、洪涝灾害频发、物种纷纷灭绝和温室效应加剧,已成为全球普遍关注的六大生态危机。20世纪70年代初,美国出版的《The Limits to Growth》一书中预言,如果"地球飞船"的人们不改变其运载方式,即控制人口的增长和减少对自然资源的消耗,将会造成全球性的、毁灭性的灾难。这一预测震颤了全球。而就目前而言,各地发生的海啸、地震、旱灾、水灾、森林火灾、沙尘暴、泥石流、滑坡等灾害已使人类开始敬畏自然。水土流失作为头号环境问题已引起世界各国的普遍关注。

森林破坏,植被减少,水土流失与荒漠化加剧,对我国国民经济的发展以及人们的生命财产造成了严重的危害。目前,全国水土流失面积为 482 万 km²,占陆地总面积的50.8%;全国荒漠化土地总面积 263.62 万 km²,占国土总面积的 27.6%,分布于北京、天津、河北、山西、内蒙古、辽宁、吉林、山东、河南、陕西、甘肃、青海、宁夏、新疆、西藏、四川、云南、海南等 18 个省(自治区、直辖市);全国沙化土地面积为 173.97 万 km²,占国土总面积的 18.12%,分布在除上海外的 30 个省(自治区、直辖市)。严重的水土流失和大面积的土地荒漠化、沙化直接影响着我国经济社会的可持续发展,并成为我国生态安全的最大隐患,威胁着中华民族的生存和发展。联合国发布的《2000 年全球生态环境展望》指出,由于人类对木材和耕地等的需求,全球森林减少了一半,9%的树种面临灭绝,30%的森林变成农业用地,地球表面覆盖的 80%的原始森林遭到破坏,剩下的 20%或支离破碎或残次退化,而且分布极为不均,难以支撑人类文明的大厦。

30 多年来,我国在经济发展过程中,愈来愈认识到经济、社会和环境这三者之间不可分割的关系。如各地不断出现的水旱及各种自然灾害等可能与人们在经济发展过程中破坏生态环境、造成水土流失加剧等因素有关。经济社会的发展也使全社会人们的生态环境保护意识进一步增强。水土保持在改善生态环境、保护水土资源、减免自然灾害等方面的作用愈来愈引起全社会的高度重视。

20 世纪 80 年代,美国首先提出了持续农业的概念,持续农业主要强调经济与生态的结合,依靠现代科学技术的进步,协调农业生产发展、资源高效利用和生态环境保护的关系,使生产、生态和经济同步发展,走可持续发展之路。1992 年联合国召开环境与发展大会,将可持续发展作为人类对自然资源开发利用及一切人类经济活动的准则,得到了全球

发达国家和发展中国家的一致拥护。

可持续发展即在不危及后代人满足需要的基础上,满足当代人需求能力的发展。其含义为:一是要发展,即指经济增长,人们生活水平的提高;二是这种发展要可持续,即兼顾整体和长远的利益(可持续发展涵盖了当代人之间、当代人与后代人之间及人与环境之间的关系)。

针对水土保持学科的特点,水土保持在可持续发展中的作用主要体现在两个方面,即水土资源的可持续利用和生态环境的可持续维护。这两个可持续是水土保持的最根本的目标。我国目前水土资源面临的形势是:人均耕地占有量不到世界人均水平的40%,人均水资源的占有量相当于世界人均水平的32%。水土资源的有限性和对水土资源需求量不断增长的矛盾日益突出,一旦超过了极限,有可能引发资源危机,因此必须对水土资源进行有效地保护和合理利用,以达到可持续利用,从而推动经济的发展和保障社会的稳定。从我国生态环境的状况看,基础比较薄弱,承载力十分有限。根据2007年中国水土流失与生态安全科学考察的结果,目前我国的开发建设强度高出世界平均水平的3~3.5倍,每年开挖搬运的土石方量为380亿t,每年新增水土流失面积1.5万km²,约占治理面积的30%,其中80%是开发建设引发的。因此,在大规模基础设施建设和快速工业化、城镇化的新形势下,防治水土流失的任务更加艰巨。现在不仅要治理原有的水土流失,更要防治城市化、各种开发建设项目以及农林部门生产建设等人为所造成的新的水土流失。如不实现水土资源的可持续利用和生态环境的可持续维护,高强度、大规模的开发建设,将可能超出生态环境的支撑能力。

把两个可持续落实到水土保持的实践中,其核心内容为:

(1)树立和落实可持续发展的理念。保护水土资源和生态环境就是保护生产力,就是保护财富。以水土资源的可持续利用和生态与环境的可持续维护,支撑经济社会的可持续发展。

(2)树立和落实统筹协调的理念。在防治水土流失方面要始终坚持全面规划,综合防治,尤其要突出预防保护、监督管理和生态修复措施;在区域布局上要全面兼顾,实现东、中、西协调发展,整体推进。

(3)树立和落实以人为本的理念。把解决群众生产生活实际突出问题如粮食安全、人居环境安全等作为生态建设的前提。

(4)树立和落实人与自然和谐相处的理念。通过水土保持生态建设以促进经济建设中的生态安全,促进经济、社会和环境的协调发展。

二、我国水土流失现状及危害

我国的国土面积为960万km²,地势西高东低,山地、丘陵和高原面积约占全国总土地面积的2/3。在总土地面积中,耕地占14.0%,林地占16.5%,天然草地占29.0%,难以被农业利用的沙漠、戈壁、冰川、石山和高寒荒漠等占35.0%。由于特殊的自然地理和社会经济条件,使我国成为世界上水土流失最为严重的国家之一。据2002年遥感普查结果,全国土壤侵蚀面积达482万km²,占陆地总面积的50.8%,其中水力侵蚀面积179万km²,风力侵蚀面积188万km²,水蚀、风蚀面积合计367万km²。冻融侵蚀面积125万

km^2。每年土壤侵蚀总量 50 亿 t。全国所有的省(市、自治区)都不同程度地发生着水土流失,尤以长江上游和黄河中游最为严重。水土流失不仅存在于山区、丘陵区和风沙区,而且随着经济社会的不断发展、基础设施建设的增多和城镇化建设规模的不断扩大,大中型开发建设项目区或生产建设活动密集的区域、城市和平原区的水土流失也日趋扩大。

另外,我国水土流失形式多样,类型复杂。水力侵蚀、风力侵蚀、冻融侵蚀和滑坡、泥石流等重力侵蚀特点各异,相互交错,成因复杂。

严重的水土流失给我国经济社会的发展和人民群众的生产生活带来了多方面的危害。

(一)破坏土地,吞食农田,威胁人类生存

水土资源是人类赖以生存的物质基础,是生态环境与农业生产的基本资源。年复一年的水土流失,使有限的水土资源遭到严重的破坏。土层变薄,土地沙化、石化和退化的速度加快,地形被切割得支离破碎,大面积的良田被吞食。据估计,由于水土流失,我国每年损失耕地 6.7 万 hm^2,每年造成的经济损失达 100 亿元左右,其中西北黄土高原地区、东北黑土区和南方花岗岩"崩岗"地区土壤侵蚀最为严重。黄土高原的土壤侵蚀使得沟头平均每年前进 1~3 m。黑龙江省的黑土区有大型冲沟约 14 万条,已吞食耕地 9.33 万 hm^2。长江中上游许多地方由于土壤侵蚀导致的石化面积急剧增加,如重庆市的万县每年增加石化面积 2 500 hm^2,陕西省安康市平均每年增加石化面积近 700 hm^2。更严重的是,水土流失造成的土地损失,直接威胁到群众的生存,其价值是难以用货币估算的。

(二)降低土壤肥力,加剧干旱发展

坡耕地水、土、肥的流失,致使土地日益瘠薄,田间持水能力降低,土壤理化性质恶化,土壤透水性、持水性下降,加剧了干旱的发展,使农业产量低而不稳。据观测,黄土高原平均每年流失的 16 亿 t 泥沙中含氮、磷、钾总量约 4 000 万 t。据统计,全国多年平均受旱面积约 2 000 万 hm^2,成灾面积约 700 万 hm^2,成灾率达 35%,而且大部分在水土流失严重的区域。

(三)泥沙淤积河床,加剧洪涝灾害

土壤侵蚀造成大量的坡面泥沙被冲蚀下泄,搬运后沉积在下游河道,削弱了河床泄洪能力,加剧了洪水危害。新中国成立以来,黄河下游河床平均每年淤高 8~10 cm,目前很多地段已高出两岸地面 4~10 m,成为"地上悬河",严重威胁着下游人民生命财产的安全,也成为国家的"心腹大患"。近几十年来,全国各地都有类似黄河的情况,随着土壤侵蚀的日益加剧,各地大、中、小河流的河床淤高和洪涝灾害也日趋严重。1998 年长江流域、松花江流域发生的特大洪涝灾害,在很大程度上表明其中上游地区的土壤侵蚀造成的危害在不断增大的问题,已给国家和人们生命财产造成了巨大的损失。

(四)泥沙淤塞水库、湖泊,降低其综合利用功能

水土流失不仅使洪涝灾害频发,而且产生的泥沙和流失的氮、磷及化学农药等有机污染物,引起水库、湖泊等水体的富营养化,污染环境和水源,也严重威胁水利设施及其效益的发挥。山西省自新中国成立以来,修建大、中、小型水库共有 40 多亿 m^3 的库容,由于土壤侵蚀平均每年损失库容约 1 亿 m^3,其中汾河水库库容 7.26 亿 m^3,已淤积了 3.2 亿 m^3,严重影响到太原市的供水和 15 万 hm^2 农田的灌溉。由于蓄水量减少,造成了灌溉面积和发电量的减少及库周生态环境的恶化。

（五）影响航运,破坏交通安全

由于水土流失造成河道、港口的淤积,致使航运里程急剧降低。而且每年汛期由于水土流失形成的山体塌方、泥石流等造成的交通中断,在全国各地时有发生。据统计,1949年全国内河航运里程为 15.77 万 km,到 1985 年减少为 10.93 万 km,1990 年又减少为 7万多 km,水土流失已严重影响到内河航运事业的发展。

（六）水土流失使生态环境严重恶化

水土流失主要是由于陡坡开荒、破坏植被和人为开发建设活动扰动地面形成大量的松散固体物质造成的。植被的破坏,造成涵养水源能力的降低,加之松散固体物的增加,导致了洪涝与干旱灾害的频繁交替出现,土地大面积的石化、沙化、退化以及沙尘暴等自然灾害不断加剧,使得生态环境进一步恶化。

水土流失是土地退化和生态恶化的主要表现形式,水土流失对经济社会发展的影响是多方面的、全局性的和深远的,有时甚至是不可逆的。加强水土保持生态建设,直接关系到防洪安全、粮食安全、生态安全和人居安全,而且已成为缓解日趋强化的资源环境约束、加快转变经济发展方式、增强可持续发展能力的必然选择。

三、水土保持学与其他学科的联系

《中国水利百科全书·水土保持分册》中水土保持学的定义是:研究水土流失形式、发生原因和规律、水土保持的基本原理,据以制定规划和运用综合措施,防治水土流失,治理江河与风沙,保护、改良和合理利用水土资源,维护和提高土地生产力,以改善农业生产条件,建立良好的生态环境的应用科学。

水土保持学研究的内容可以概括为:①研究各种土壤侵蚀的形式、分布和危害,小流域径流的形成与损失过程,不同土壤侵蚀类型区的自然特点和土壤侵蚀的特征。②水土流失规律和水土保持措施,即研究在不同气候、地形、地质、土壤、植被等自然因素的综合作用下,水土流失发生和发展的规律,以及人为活动因素在水土流失与水土保持中的作用,为制定水土保持规划和设计综合防治措施提供理论依据;研究各项措施的技术问题。③水土流失与水土资源调查和评价的方法,研究合理利用土地资源的规划原则和方法。④水土保持效益,包括生态效益、经济效益和社会效益。

水土保持学的定义和研究内容决定了水土保持学是一门综合性很强的学科,它与许多基础性的自然科学和应用科学都有着密切的联系。如在水土流失规律方面,水土保持学与影响水土流失自然因素的相关学科——气象学、水文学、地貌学、地质学、土壤学、地理学、生态学等有着密切的联系。如水土保持学与气象学、水文学的关系,各种气象因素和不同的气候类型对水土流失都有直接或间接的影响,并形成不同的水土流失特征。水土保持工作者一方面要根据径流泥沙运行的规律,采取相应的水土保持防治措施,减轻暴雨、洪水、干旱和大风的危害;另一方面通过综合治理,改变大气层下垫面的性状,对局部地区的小气候和水文特征又可加以调节与改善。

水土保持学与应用科学如农业科学、林业科学、水利科学、环境科学等学科以及各类生产建设项目开发等也有着内在的联系。如与农业科学的联系:水土保持是水土流失地区发展农业生产的基础,通过控制水土流失,改善生态环境,为农业生产创造了高产稳产的基本条件;农业生产中的深翻、改土、施用有机肥、密植、等高耕作以及草田轮作、套种、间作等技术措施,都具有保水、保土、保肥的作用。

水土保持与林业科学有着极为密切的相互联系。在水土流失地区营造大面积的防护林,既具有重要的生产功能,又具有改善生态环境、促进生态系统平衡和防治水土流失的重要作用。在树种选择方面,不仅要求材质优良,综合经济价值高,同时具有耐瘠薄、耐干旱、防风和固土作用强等特性;在造林技术方面,强调与环境改良工程相结合;在林型结构方面,为提高防护效果,采用乔灌混交或乔灌草混交,通过提高郁闭度和覆盖度,提高生物产量和增加地面枯枝落叶层,以达到涵养水源、控制水土流失的目的。

又如水土保持学与水利科学的联系:一方面,水力学为水土流失规律的研究及水土保持措施的设计提供了许多基本原理;水文学的原理与方法对于研究水力侵蚀中径流、泥沙的形成与搬运规律具有重要的意义。水土保持工程设计与水力学、水文学、水工结构、农田水利、防洪、环境水利和水利规划等方面的知识关系密切。另一方面,水土保持又是根治河流水害、开发河流水利的基础,水土保持学的发展也使水利科学得到了充实和发展。在水土流失地区,不管大型的坝、库、渠、闸等水利工程,还是小型农田水利工程的设计、施工与应用,都要受到水土流失的影响,只有与水土保持措施紧密结合,各类工程才能取得良好的运行效果。

四、水土保持生态建设面临的主要任务

水土资源是立国之本,是人类赖以生存和发展的最基本的物质基础。我国人口多、山地多、荒漠多,可利用的水土资源相对贫乏。在经济利益的驱动下,不合理的开发和利用水土资源的现象随处可见,水土流失十分严重,以至于水土流失成为我国最大的生态环境问题,严重阻碍了国民经济的发展。21世纪是人与自然、人与社会和谐发展的重要时期,水土保持作为全国生态环境建设的主体工程和经济社会发展的一项重要的基础工程,所面临的主要任务是:

(1)预防保护,加强监督。重点加强对主要供水水源地、库区、生态环境脆弱区和能源富集、开发集中区域等水土流失的预防保护和监督管理,把项目开发建设过程中造成的人为水土流失减低到最低程度。

(2)全面规划,综合治理。对区域内的水土保持工作进行全面规划,包括预防保护,监督管理,综合治理、监测监控和科学示范等。继续加强长江、黄河上中游、东北黑土区等水土流失严重地区的治理和防沙治沙工程建设,坚持以小流域为单元进行综合整治。有条件的地方,大力推进淤地坝建设。

(3)加快生态修复进程。在地广人稀、降雨条件适宜的地区实施水土保持生态修复工程,通过封育保护、封山禁牧,利用生态的自我修复能力促进大范围的水土保持生态建设。

(4)提高监测预报水平。加强水土流失监测和管理信息系统建设,提高水土流失的监测预报水平,最大限度地减少水土流失所造成的灾害。

思考题

0-1 简述水土保持对实现可持续发展的重要意义。

0-2 了解我国水土流失的现状及主要危害。

0-3 根据水土保持学综合性强的特点,举例说明水土保持与林业科学、水利科学的相互联系。

0-4 目前水土保持生态建设面临的主要任务包含哪些方面的内容?

第一章　水土保持生态建设基本原理

第一节　基本概念

一、水土流失

《中国水利百科全书·水土保持分册》中水土流失的定义为:在水力、重力、风力等外营力作用下,水土资源和土地生产力遭受的破坏与损失,包括土地表层侵蚀及水的损失,又称水土损失。土地表层侵蚀指在水力、风力、冻融、重力以及其他外营力作用下,土壤、土壤母质及岩屑、松软岩层被破坏、剥蚀、搬运和沉积的全部过程。水的损失主要指坡地径流损失,即大于土壤入渗强度的雨水或融雪水因重力作用沿坡地流失的现象。水的损失过程和土壤侵蚀过程之间,既有紧密的联系,又有一定的区别。坡面径流损失是引起土壤损失的主导因素。水冲土跑,水与土的损失是同时发生的,但并非所有的坡面径流都会引起侵蚀作用。

二、水土保持

《中国水利百科全书·水土保持分册》对水土保持的定义为:"水土保持是防治水土流失,保护、改良与合理利用水土资源,维护和提高土地的生产力,以利于充分发挥水土资源的经济效益和社会效益,建立良好生态环境的事业。水土保持的对象不只是土地资源,还包括水资源。保持的内涵不只是保护,而且包括改良与合理利用。不能把水土保持理解为土壤保持、土壤保护,更不能将其等同于土壤侵蚀控制。水土保持是自然资源保育的主体。"

上述概念精辟地概括了水土保持的深刻内涵,明确了水土保持应包括水的保持、土的保持以及水与土的交互作用,即土壤蒸发水分、土壤对水分的保持以及土壤蓄渗、补给地下水等内容。

水土资源是一切生物繁衍生息的根基,更是人类社会可持续发展和生态文明建设的基础性资源。在目前水资源越来越严峻的形势下,水土保持在保护水资源、维护水资源的可持续利用及保护水质等方面的作用更为重要;水土保持在保护土地资源、维护土地资源的可持续利用、充分利用降水资源、减少江河湖库泥沙淤积与江河湖库的非点源污染、减轻洪涝灾害、改善区域生态环境和提高环境容量等方面具有难以估价的作用。

三、土壤侵蚀

土壤及其他地面组成物质在水力、风力、冻融和重力等外营力作用下,被剥蚀、破坏、分离、搬运和沉积的全部过程称为土壤侵蚀。

土壤侵蚀的对象并不限于土壤及其母质,还包括土壤下面的土体、岩屑及松软岩层等。在现代侵蚀条件下,人类活动对土壤侵蚀的影响日益加剧,它对土壤和地表物质的剥离和破坏,已成为十分重要的外营力。因此,全面而确切的土壤侵蚀涵义应为:土壤及其他地表组成物质在自然营力作用下或自然营力与人类活动的综合作用下被剥蚀、破坏、分离、搬运和沉积的全部过程。在我国,土壤侵蚀有时作为水土流失的同义词。《中华人民共和国水土保持法》中所指的水土流失包含水的损失和土壤侵蚀两方面的内容。

按土壤侵蚀发生的时期可分为两大类。①古代侵蚀。指人类活动开始影响土壤侵蚀以前,在漫长的地质时期内发生的侵蚀,又称地质侵蚀。②现代侵蚀。发生在人类活动开始影响土壤侵蚀以后,人类活动增大了侵蚀的强度和速度,并使其在原来的基础上加速发展。

土壤侵蚀按外营力可分为水力侵蚀、重力侵蚀、风力侵蚀、混合侵蚀、冻融侵蚀、冰川侵蚀、化学侵蚀、生物侵蚀。

按土壤侵蚀强度可分为正常侵蚀与加速侵蚀两大类。①正常侵蚀。当土壤侵蚀的速率小于或等于土壤形成的速率时,此时不仅不会破坏土壤及其母质,反而对土壤更新起到了促进作用,使土壤的肥力不断提高,这种侵蚀即为正常侵蚀。这种侵蚀起因于自然作用的侵蚀过程,没有受人为活动的影响。在正常情况下,进行的速度非常缓慢,产生的侵蚀量小于或等于成土作用形成的物质量。②加速侵蚀。人类不合理的生产活动或突发性自然灾害破坏生态平衡所引起的侵蚀过程。特别是随着人类大规模的生产建设活动强度的剧增,改变或促进了自然侵蚀的过程,这种侵蚀发展的速度快、破坏性大且影响深远,是防治的主要对象。

四、允许土壤流失量和土壤侵蚀强度

允许土壤流失量在长时期内能保持土壤的肥力和维持土地生产力基本稳定的最大土壤流失量,可简称为维持土地高生产力的最大侵蚀量,单位常用 $t/(km^2 \cdot a)$ 表示。允许土壤流失量是划分侵蚀区与非侵蚀区的判别指标,为制定合理的水土流失控制目标,进行水土保持规划,配置水保措施等提供理论指导。这一概念是在水土保持实践中逐渐形成并不断发展形成的。如我国在水力侵蚀类型区的五个二级分区中规定的允许土壤流失量见表1-1。

表1-1　各侵蚀类型区允许土壤流失量

类型区	允许土壤流失量($t/(km^2 \cdot a)$)
西北黄土高原区	1 000
东北黑土区	200
北方土石山区	200
南方红壤丘陵区	500
西南土石山区	500

土壤侵蚀强度是指地壳表层土壤在自然营力(水力、风力、重力、冻融等)和人类活动

作用下,单位面积和单位时段内被剥蚀并发生位移的土壤侵蚀量。通常用土壤侵蚀模数来表示,土壤侵蚀模数即单位面积土壤及土壤母质在单位时间内侵蚀量的大小,侵蚀模数中的土壤流失量可以用重量($t/(km^2 \cdot a)$)、体积($m^3/(km^2 \cdot a)$)或厚度(mm/a)来表示。

我国的土壤侵蚀强度按照 2008 年 1 月 4 日水利部颁布的《土壤侵蚀分类分级标准》(SL 190—2007)进行级别的划分。该标准含水力侵蚀强度分级、风力侵蚀强度分级、重力侵蚀强度分级和泥石流侵蚀强度分级等内容。如水力侵蚀的强度分级标准见表1-2。

表1-2　水力侵蚀强度分级标准

级别	平均侵蚀模数($t/(km^2 \cdot a)$)	平均流失厚度(mm/a)
微度	<200,500,1 000	0.15,0.37,0.74
轻度	(200,500,1 000)~2 500	(0.15,0.37,0.74)~1.9
中度	2 500~5 000	1.9~3.7
强烈	5 000~8 000	3.7~5.9
极强烈	8 000~15 000	5.9~11.1
剧烈	>15 000	>11.1

注:本表中流失厚度是按土的干密度 1.35 g/cm^3 计算的,各地可按当地土壤干密度计算。

五、分水岭和侵蚀基准面

每一河流自然形成一个独立的水文网系统,这种属于一个系统的整个集水区面积,即流域面积。集水区的周界成为分水岭。水土流失的范围最高不超过分水线,最低以侵蚀基准面为界。

河流或河谷下切到某一水平面后,河床趋于稳定,逐渐失去侵蚀能力,这个水平面称为河流或河谷的侵蚀基准面。侵蚀基准面是控制沟谷或河谷下切侵蚀的水平面。因此,在水土保持综合防治措施中通过在沟道中采取修谷坊、筑淤地坝以及修筑岸坡护脚工程等措施来稳定或抬高沟道和河道的侵蚀基准面,以达到控制其下切侵蚀的目的。

第二节　水土流失地带性规律

自然地理要素(气候、纬度、海拔)在地球表面的规律性组合与分布形成了不同的水土流失类型,即区域不同,水土流失的成因、类型、类型组合及侵蚀强度等不同,采取的防治措施也有差异。

一、自然地理环境的地域分异规律

地球表面的太阳辐射量按一定的顺序由北向南呈规律性的排列,以北半球为例,可划分为若干热量带(寒带、寒温带、温带、暖温带、亚热带、热带),与之相应的气候、植物、动物在地表也形成了带状分布的规律。当然由于地球表面是一个非连续的、非均匀的、非相同物质组成的不规则球面,使得地理要素的分布更加复杂化(如海陆面积的数量比例关系、海拔高差的悬殊使自然地理要素在垂直方向上出现了分布差异)。

由于各自然地理要素在地表有其特定的空间位置，即自然地理地带性，而且各自然地理要素相对固定的空间位置也不是孤立存在的，而是某一要素与其他要素不断地进行着相互作用，它们有密切的联系，也即构成了自然地理环境（自然综合体）。二者沿地理坐标确定的方向，从高级单位分化成低级单位的现象，称为地理分异。地理分异是自然界各种自然现象的综合体现，也是人类认识自然、改造自然的基础。

通常由高到低可将地域分异划分为以下等级。

（一）全球性的地域分异规律

地球表面的 4 个大洋和 6 个大陆是自然地理环境的基本分异，除表现为海与陆的强烈对比外，还构成了两种明显不同的陆地生态环境和海洋生态环境，并通过其相互影响，造成次一级的地域分异。

（二）大陆地域分异规律和大洋地域分异规律

大陆的地域分异规律是贯穿整个大陆的，可分为纬度地带和经度地带两类。

大洋地域分异可分为大洋表层纬向地带性和大洋底层自然区。

（三）区域性地域分异规律

通常有地带段性（即受海陆分布影响及大地构造—地貌规律地作用在大陆东岸、大陆西岸和大陆内部的区域性表现）、地区性（指在地带段性内部区域性的分异规律，如《中国自然区划草案》中所划分的兴安副区、东北平原副区等 22 个副区）和垂直带性（山体达到一定高度后沿等高线方向延伸，并随山势高度发生带状更替的规律）三类。

（四）地方性地域分异规律

地方性地域分异规律主要表现为系列性（即由于地方地形的影响，自然环境各组成成分及单元自然综合体，按确定方向从高到低或从低到高有规律地依次更替的现象）、微域性（受小地形的影响，最简单的自然地理单元既重复出现又相互更替或呈斑点状相间分布的现象）和坡向的分异规律（坡向对光照、水文的再分配，引起植被和土壤出现差异）。

二、土壤侵蚀的地理分异

土壤侵蚀是各种侵蚀力与土体相互作用的结果，但是由于地表水分布的差异、热力状况的差异，形成了不同的水土流失形式，以及各种形式分布的自然地理环境是不相同的。如风力侵蚀主要分布在干旱和半干旱地区；冰川、冻融侵蚀分布在 0 ℃以下或 0 ℃附近的低温区；而水力侵蚀则分布在降雨量中等而且雨强大或降雨高度集中的地区。我国按水土流失形成的原因可划分为三大水土流失类型区，即水力侵蚀类型区、风力侵蚀类型区和冻融侵蚀类型区。图 1-1 为全国水土流失类型分区图。各类型区的范围和特点见表 1-3。

各大流域、各省（自治区、直辖市）可在全国二级分区的基础上细分为三级类型区和亚区。在此以山西省为例说明三级类型区的特点。

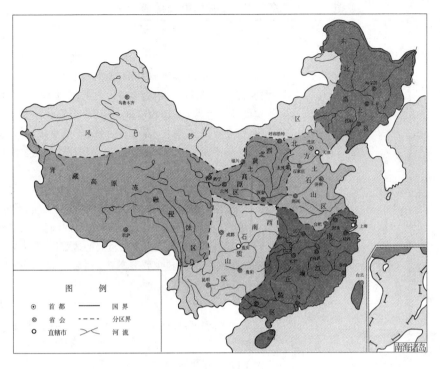

图1-1 全国水土流失类型分区图

三、山西省水土流失类型分区

(一)山西省基本情况概况

山西省位于黄土高原东部、华北平原西侧,分属黄河、海河两大水系,位居黄河中游地区、海河流域上游。行政区划为北与内蒙古相邻,西隔黄河与陕西相望,南隔黄河与河南为邻,东与河北接壤。全省地形特点是东北高、西南低,形成由东北向西南倾斜的平行四边形。其中,南北间距较长,最大距离615 km;东西间距较短,最大距离380 km 。位于北纬34°31′~40°44′、东经110°15′~114°32′。全省总土地面积15.6万 km²,约占全国陆地面积的1.6%(我国国土面积为1 260多万 km²,其中陆地国土面积960万 km²,海洋国土面积300多万 km²,即邻接我国陆地宽度为12海里的领域)。

1.地貌轮廓

山西省地貌轮廓是一个黄土覆盖、起伏较大的山地性高原。内部地形复杂,山地、残塬、丘陵、台地、谷地及平原等交错分布,且以山地、丘陵为主。全省山、丘区面积占总面积的80%以上,除中部、南部几个盆地和谷地海拔较低外,大部分地区海拔在1 000 m以上,与东部华北大平原相对照,呈现强烈的整体隆起形式。境内最高的五台山北台顶海拔3 061 m(近20多年升高了3 m),最低的垣曲县黄河谷地仅245 m,高差2 800多 m,地势高低悬殊大,成为极易发生侵蚀的地貌。全省整个地貌呈现东西两侧隆起、中部断陷盆地相间排列的三大分布格局。

表 1-3　全国各级土壤侵蚀类型区的范围和特点

一级类型区	二级类型区	范围与特点
I 水力侵蚀类型区	I₁ 西北黄土高原区	大兴安岭—阴山—贺兰山—青藏高原东缘一线以东。西为祁连山余脉的青海日月山,西北为贺兰山;北为阴山,东为管涔山及太行山;南为秦岭。主要流域为黄河流域。土壤侵蚀分为黄土丘陵沟壑区(下设5个副区)、黄土高塬沟壑区、土石山区、林区、高地草原区、干旱草原区、黄土阶地区、冲积平原区等8个类型区,是黄河泥沙的主要来源
	I₂ 东北黑土区(低山丘陵和漫岗丘陵区)	南界为吉林省南部,东、西、北三面为大小兴安岭和长白山所绕,漫川漫岗为松嫩平原,是大小兴安岭延伸的山前冲积洪积台地。地势大致由东北向西南倾斜,具有明显的台坎,坳谷和岗地相间是本区重要的地貌特征;主要流域为松辽流域;低山丘陵主要分布在大小兴安岭、长白山余脉;漫岗丘陵则分布在东、西、北侧等三地区
	I₃ 北方土石山区	东北漫岗丘陵以南,黄土高原以东,淮河以北,包括东北南部、河北、山西、内蒙古、河南、山东等部分。本区属暖温带半湿润、半干旱区;主要流域为淮河流域、海河流域。 按分布区域,可分为以下6个主要地区:①太行山山地区。包括大五台山、小五台山、太行山和中条山山地,是海河五大水系发源地,是华北地区水土流失最严重的地区。②辽西—冀北山地区。③山东丘陵区(位于山东半岛)。④阿尔泰山地区。⑤松辽平原。包括松花江、辽河冲积平原,不包括科尔沁沙地。⑥黄淮海平原区,北部以太行山、燕山为界,南部以淮河、洪泽湖为界,是黄、淮、海三条河流的冲积平原;水土流失主要发生在黄河中下游、淮河流域、海河流域的古河道岗地,流失强度为中、轻度
	I₄ 南方红壤丘陵区	以大别山为北屏,巴山、巫山为西障(含鄂西全部),西南以云贵高原为界(包括湘西、桂西),东南直抵海域并包括台湾、海南岛及南海诸岛。主要流域为长江流域
	I₅ 西南土石山区	北接黄土高原,东接南方红壤丘陵区,西接青藏高原冻融区,包括云贵高原、四川盆地、湘西及桂西等地。气候为热带、亚热带;主要流域为珠江流域;岩溶地貌发育。山高坡陡,石多土少,高温多雨。山崩、滑坡、泥石流分布广,发生频率高。 按地域分为5个区:①四川山地丘陵区;②云贵高原山地区;③横断山地区;④秦岭大别山鄂西山地区;⑤川西山地草甸区

一级类型区	二级类型区	范围与特点
Ⅱ 风力侵蚀类型区	Ⅱ₁"三北"戈壁沙漠及沙地风沙区	主要分布在西北、华北、东北的西部,包括青海、新疆、甘肃、宁夏、内蒙古、陕西、黑龙江等省(区)的沙漠戈壁和沙地。气候干燥,年降水量 100～300 mm,多大风及沙尘暴、流动和半流动沙丘,植被稀少,主要流域为内陆河流域。 按地域分为 6 个区:①(内)蒙、新(疆)、青(海)高原盆地荒漠强烈风蚀区,包括准噶尔盆地、塔里木盆地和柴达木盆地,主要由腾格里沙漠、塔克拉玛干沙漠和巴丹吉林沙漠组成;②内蒙古高原草原中度风蚀水蚀区,包括呼伦贝尔、内蒙古和鄂尔多斯高原,毛乌素沙地、浑善达克(小腾格里)和科尔沁沙地,库布齐和乌兰察布沙漠;③准噶尔绿洲荒漠草原轻度风蚀水蚀区;④塔里木绿洲轻度风蚀水蚀区;⑤宁夏中部风蚀区,包括毛乌素沙地部分,腾格里沙漠边缘的盐池等区域;⑥东北西部风沙区,多为流动和半流动沙丘、沙化漫岗,沙漠化发育
	Ⅱ₂ 沿河环湖滨海平原风沙区	主要分布在山东黄泛平原、鄱阳湖滨湖沙山及福建省、海南省滨海区。湿润或半湿润区,植被覆盖度高。 按地域分为 3 个区:①鲁西南黄泛平原风沙区;②鄱阳湖滨湖沙山区;③福建及海南省滨海风沙区
Ⅲ 冻融侵蚀类型区	Ⅲ₁ 北方冻融土侵蚀区	主要分布在东北大兴安岭山地及新疆的天山山地。按地域分为两个区:①大兴安岭北部山地冻融水蚀区,高纬高寒,属多年冻土地区,草甸土发育;②天山山地森林草原冻融水蚀区,包括哈尔克山、天山、博格达山等。为冰雪融水侵蚀,局部发育冰石流
	Ⅲ₂ 青藏高原冰川侵蚀区	主要分布在青藏高原和高山雪线以上。按地域分为两个区:①藏北高原高寒草原冻融风蚀区;②青藏高原高寒草原冻融侵蚀区,主要分布在青藏高原的东部和南部,高山冰川与湖泊相间,局部有冰川泥石流

2. 气象特点

山西省属于暖温带大陆性季风气候区。冬季寒冷干燥,春季多风少雨,夏季暖热多雨,秋季气候温和。从全省来看,南北差异很大,各地温差悬殊,日照充足,光热资源丰富,大部分地区灾害性天气较多。年平均气温 9～14 ℃。南北极端最高气温可达 36～42 ℃,北部最低气温 −30～−40 ℃。全省降水分布主要受季风环流控制,夏季多东南风,降水较多,冬季多西北风,降水较少。降水量在年内的分布极不均匀,呈现出平原向高山逐渐增加的趋势。全省年降水量介于 400～650 mm,中条山、太岳山、五台山的顶部年平均降水量可达 700 mm 左右;晋东南、晋中东山的迎风坡年降水量可达 600 mm 左右;太原、临汾、运城及黄河沿岸年降水量在 450～500 mm;雁北及大同盆地降水量为 400 mm 左右。在降水过程中,7 月、8 月、9 月经常出现暴雨,尤其是在东南部的陵川、晋城、垣曲及东部的阳泉、昔阳等地为最多。冰雹常出现在北部和东部的山地区。

山西省也为多风的省份之一。全年平均风速为 2～4 m/s,以春季各月平均风速最大。春季晋西高原丘陵区全年大风日数 40～60 d。五台山顶的风速 9.3 m/s,8 级以上的大风多年平均日数达 189 d。全省沙尘暴日数以神池、五寨、岢岚、左云、右玉、平鲁为最多,年平均 10～14 d。

3. 水文特征

山西省流域面积大于 3 000 km^2 的河流有汾河、沁河、涑水河、昕水河、三川河、朱家川、桑干河、滹沱河、漳河和丹河等 10 条,合计流域面积达 11.3 万 km^2,占全省总土地面积的 73%。山西省河流全属外流水系,大都发源于东西山地,分属黄河、海河两大水系。大体为向西南流向的河流属于黄河水系,向东的河流为海河水系。黄河流域面积 9.7 万 km^2,海河流域面积 5.9 万 km^2,各占全省土地总面积的 62% 和 38%。

从多年的水文气象资料分析,山西省水资源具有以下三个特点:

(1)河川径流丰枯变化大。年际变化大且年内分配极不均匀,汛期山洪暴发,径流集中,枯水季节径流锐减,大部河道断流。

(2)水资源地区分布不均。东部较丰富,如漳河、沁河等流域年径流深 100～150 mm;西部较贫乏,不少黄河一级支流年径流深只有 30～40 mm。

(3)水土流失严重。汛期河水含沙量大,全省多年平均每年输出境外泥沙高达 4.65 亿 t(黄河流域 3.75 亿 t,海河 0.9 亿 t)。

4. 地质、土壤

岩性和构造运动对水土流失的影响较大。山西省岩石的岩性受风化、径流等外营力的作用,基本表现为东西山区岩石坚硬的隆起区继续上升、中南部凹陷继续下降的趋势。

黄河东岸的三川河、蔚汾河、湫水河上游及汾河上游的关帝山、芦芽山普遍分布着花岗岩和花岗片麻岩等结晶岩,颗粒大,节理发育,因膨胀系数不同,易发生相对错动和破碎,促进了风化过程的进行,加之黏粒少,结构松散,抗蚀力弱,降雨集中,加速了碎屑物的运移和沉积。

黄土丘陵区的红色页岩,常被垦为农田,易被侵蚀;砂岩、页岩常呈互层,岩层倾斜角度大、坡面陡,又由于页岩风化速度快,上部的砂岩常因失去支撑而发生崩塌现象,加剧了侵蚀的进行。

朱家川河、岚漪河、蔚汾河、湫水河直到屈产河的下游大多由抗蚀能力较强的砂岩与容易风化的泥岩相间分布,构成台面基座。由于砂岩层和泥岩层厚薄不一,形成不同形态的丘陵特征。砂岩层较厚时多形成台坎丘陵,泥岩较厚的形成岇状丘陵。河谷地层砂岩比重大,抗蚀力较强,流水下切形成狭谷。

在漳河、汾河、桑干河、滹沱河流域内,均有深厚的沙砾石层或有部分的石灰岩,透水性强,降水大部渗透,当覆盖的土层薄,下部又为透水性很弱的岩层时,则容易产生较大的径流和侵蚀;当透水性强的土层较厚,遇到弱透水土层和岩层时,则会发生潜水、潜流,导致上下层摩擦阻力减小,形成滑坡侵蚀。

黄土是地质年代最新的一层,即第四纪黄土。包括午城黄土、离石黄土和马兰黄土。黄土在吕梁山以西呈厚层连续分布,以东呈断续分布状态,地面的起伏促进了沟谷的发育。如马兰黄土的大孔性、疏松性、湿陷性,容易引起陷穴穿洞、沟头延伸,造成沟壑纵横、地面破碎,加剧了水土流失的进行。

山西省土壤纬度地带性明显。北部多为干旱草原栗钙土,中南部为森林草原褐土,吕梁山以西为灰褐土。由于山西省地形复杂,海拔变化大,影响了生物、气候等成土因素,也形成了不同的垂直地带性土壤。如恒山以北的雁北高原地区,发育了草原栗钙土、山地栗钙土等,中部盆地则以山地褐土为基础形成了各类土壤。各类土壤由于受水热条件的影响,南部各类土壤发育较完全,中北部各类土壤发育较差。

5. 植被

山西省森林面积小而分散,天然林主要分布在五台山、管涔山、关帝山、吕梁山、中条山和太行山等山地。主要树种有油松、落叶松、云杉、桦和辽东栎等。人工林分布零散,山地以油松、落叶松、云杉为主;丘陵地区以杨、槐、油松及灌木丛居多;平原多为杨、柳,经济林以果木为主,如葡萄(清徐)、梨(原平)、核桃(汾阳)、枣(柳林)、杏(太谷)和苹果等。此外,野生草类较多,已查明可作为饲草的有400多种,其中优质牧草100多种。

(二)山西省水土流失类型分区

山西省主要根据地形地貌形态、降雨因素、植被因素、地面组成物质、气候、土壤侵蚀模数、人口密度和农牧业生产情况,并参照整个黄土高原和海河流域类型的划分,将山西省划分为六大水土流失类型区。

(1)黄土丘陵沟壑区。主要分布在偏关河以南沿黄河一带。北起偏关河经县川河、朱家川河、岚漪河、蔚汾河、湫水河、三川河,南至石楼县屈产河的附近地区。包括43个县(区),总面积29 173 km²,占山西省总面积的18.6%。该区丘陵起伏,沟壑纵横,地形破碎,土质疏松,植被稀少,水土流失异常剧烈。侵蚀形式以面蚀、沟蚀为主。侵蚀模数10 000~20 000 t/(km²·a),沟壑密度5 km/km²,是黄河河道泥沙主要来源区。气候特征为年平均气温6~10 ℃,年降水量500 mm左右。广种薄收,耕作粗放,农、林、牧各业比例严重失调。

(2)黄土残塬沟壑区。主要分布在临汾市12个县,总面积6 754 km²,占山西省总面积的4.3%。该区大的河流有昕水河,小的河流有芝河、清水河、鄂河等四条黄河一级支流。该区的特点是:黄土深厚,塬面破碎,沟深坡陡,水力和重力侵蚀都很严重。侵蚀模数4 000~8 000 t/(km²·a),有时高达10 000 t/(km²·a)以上,沟壑密度4 km/km²。黄土塬地被沟谷、深沟所切割,现存的塬面逐渐被蚕食缩小,且塬面与沟壑的相对高差悬殊,坡陡流急,侵蚀剧烈,往往造成泻溜和崩塌。该区年降水量550 mm左右,年平均气温8~10 ℃,无霜期160 d左右,气候炎热,资源丰富,人口密度52人/km²。

(3)黄土丘陵缓坡风沙区。主要分布在雁北西部和忻州西北部。总面积3 924 km²,占山西省总面积的2.5%。该区的特点是:地形平缓,土质疏松,气候干燥,风大沙多,植被稀少,矿藏资源比较丰富,以风蚀为主,水蚀也较严重。当风速大于5 m/s时,可就地起沙,引起严重的风蚀,侵蚀模数5 000~8 000 t/(km²·a)。地广人稀,耕作粗放。据右玉水土保持试验站观测,农耕地每年每亩的风蚀量为1.43 t。从发展趋势看,沙化有南移的征兆,河曲、保德等县也出现了流动沙丘。

(4)土石山区。主要分布在太行山、吕梁山、中条山、太岳山、恒山和五台山山脉的山脊及山麓地带。总面积78 705 km²,占山西省总面积的50.2%。其自然地貌特点是:山势较高,气候较寒,植被较好,雨量较多,石厚土薄,土少而肥。年侵蚀模数500~2 000 t/(km²·a),沟壑密度2~3 km/km²。年均降水量600 mm左右,年平均气温2~6 ℃,无霜期100~120 d。全省的天然林基本上分布在该区的高山地带。有林草覆盖时水土流失轻微,林草覆盖差的地方,水土流失严重。在特大暴雨情况下,有山洪、泥石流的危害。由于地势高寒,常有霜冻发生。

(5)黄土丘陵阶地区。主要分布于几大盆地周围的坡积、洪积区,面积19 386 km²,占全省总面积的12.4%。其自然地貌特点为:山川相间,台地坡度缓,土质肥沃,水利条件较好,盛产粮棉,林草面积小。年侵蚀模数5 000 t/(km²·a)以下,沟壑密度2~3 km/km²。

(6)冲积平原区。主要分布在大同、忻定、太原、晋中、临汾和运城河谷盆地区。总面积18 881 km²,占全省总土地面积的12%,此区地势平坦,土质肥沃,雨量较多,气候温和,水利灌溉、交通运输条件好,光照资源丰富,是全省粮棉生产基地,地少人多。水土流失轻微,侵蚀模数200 t/(km²·a)左右,河道两岸因水位涨落,河岸坍塌比较严重。

第三节　生态系统平衡原理

生态学是研究生物和环境之间相互关系的科学。由于生物和环境之间的相互作用,客观上是以生态系统的形式存在的,所以,也可以认为生态学是研究生态系统的结构和功能的科学。人类作为生命有机体,也仅仅为生物共同体中的一员。随着人类经济建设活动的不断扩张,人在整个生态系统中的核心作用日益突出,生态学由单纯研究自然生态问题不断向研究人类与自然协调共处的综合科学的方向发展。因此,早期生态学着重研究自然界生物与环境的关系,更多显示了生态学的自然属性;而现代生态学则侧重研究人类活动对自然的影响,更加强烈显示了生态学的社会属性。这也使生态学原理与人类生产活动相结合形成的应用生态学,如农业生态学、资源生态学、城市生态学、渔业生态学、环境生态学、景观生态学和生态工程学等得到了迅速的发展。

生态学的发展历史是人类改造自然并以生态学原理指导人类活动的历史。随着人口急剧膨胀、资源过度利用和环境严重污染,生态系统平衡严重失调,造成了水土流失加剧、生物多样性减少、土地荒漠化扩展、自然灾害频繁发生等各种生态灾难。大范围的生态系统结构破坏、功能退化,生态环境急剧恶化,由此已威胁到人类的生存和经济社会的可持续发展。因此,协调人口增长、资源利用、环境保护和经济发展之间的关系,应遵循生态系统平衡的基本原理,将人类"藐视自然、征服自然、改造自然"的传统生态观转变为"尊重自然、保护自然、人与自然和谐共处"的现代生态观。用生态学的观点指导人类活动,积极推进生态保护和生态建设技术,促进受损生态系统的修复和重建,是实现可持续发展的重要内容之一。

一、生物与环境

(一) 生态环境

生物与环境的关系是生态学中的一种基本关系。环境是相对某种中心事物而言的，如生物的环境、人的环境分别是以生物或人作为中心事物。环境是作用于生物个体或群体的外界条件的总和，包括生物生存的空间以及维持其生命活动所必需的物质与能量，即环境包括自然环境和社会环境。组成环境的因素称为环境因子。环境因子并非全部对生物具有生态作用，对生物的生长、发育、行为、生殖和分布有直接或间接影响的环境因子称为生态因子。如岩石、土壤、温度、湿度、氧气、食物以及其他生物等。

在生态因子中可作为原料和能量输入系统并能在系统中转换为生物产品的因子，称为自然资源因子；生态因子中对生物的生存所不可缺少的因子称为生存因子或生活因子。

生态因子的总和就是生态环境。众多生态因子间的复杂关系和其组合而成的综合体，决定了组成生态环境的生态因子不是单纯地发挥作用，而是相互联系、相互制约和相互配合的。即生态环境中的各生态因子的影响具有高度相关性和高度综合性。例如河流上修建水库，不仅水库对环境有影响，而且外环境对水库也有重要影响，上游的污染源会使水库水质恶化，上游的水土流失也会增加水库的淤积，而水土流失又和植被的覆盖度密切相关。所以，水库集水区的森林与水、陆地与河流是高度相关的。同时生态环境动态变化与自然资源的开发利用息息相关，所以生态环境影响不仅涉及自然问题，还常常涉及社会和经济问题。基于此，生态因子作用的基本特征可概括为以下四个方面：

(1) 生态因子作用的同等重要性和不可代替性。即作用于生物体的生态因子都具有各自的特殊功能与作用。

(2) 生态因子作用的主导性。在组成环境的生态因子中，对生物生长发育起主导作用的因子称主导因子。如植物春化中的低温因子。主导因子发生变化会引起其他因子发生变化，主导因子决定着其他因子和生物的关系。不同的生长发育阶段，主导因子不同。如光合作用时，光强是主导因子，温度和 CO_2 是次要因子；春化作用时温度为主导因子，湿度和通气条件为次要因子。

(3) 生态因子作用的直接性和间接性。直接影响和直接参与生物体新陈代谢的生态因子如光、温、水、气和土壤等为直接因子。间接因子如地形、地势和海拔等，即通过影响直接因子对生物产生影响的因子。

(4) 生态因子作用的阶段性。各生态因子组合随时间的推移而发生阶段性的变化，并对生物种群和群落产生不同的生态效益。

(二) 人类生存环境

按照生态学中环境的概念，人类的生存环境具体来讲，可由自然环境、工程环境和社会环境三部分组成。

1. 自然环境

自然环境是人类赖以生存的基本物质条件，包括生物因素和非生物的物理因素。现在人们更多使用生态环境来强调与生物特别是与人类有关的自然环境，实际上主要表达了环境对人类以及其他生物的生态影响。

2. 工程环境

工程环境为自然环境经人工改造后形成的环境。如城市、建筑、交通、工农业、文物古迹、园林等，从整体上看属于技术圈。

人类社会在发展过程中，以自然环境为基础，不断构建并发展社会结构和物质文明，农业化、工业化和城市化实质上就是人类建造工程环境的过程。工程环境范围扩大，必然导致自然环境的缩小。同时，人类对自然环境的不断塑造和加深改造，也相应地付出了巨大的环境代价，农业化、城市化的进程中，林草地改造为耕地，耕地又被改造为城市建筑用地，带来了土地退化、水土流失加剧、土地沙漠化面积扩大，以及工业化和城市化过程中的环境污染等问题。现代社会所建造的工程环境在提供给人类舒服和方便的同时，也使人类越来越远离大自然。可见，工程环境不能无限制地扩张，合理布局工农业、城市和交通等工程并加强人工环境中的生态保护和生态建设，以保护人类生存的良好环境，这也是实现可持续发展所必需的基本条件。

3. 社会环境

社会环境由政治、经济和文化等各种要素组成，是人类社会在长期发展过程中所形成的。包括经济关系、意识形态、道德观念、文化风俗、法律关系和宗教信仰等。经济、政治和文化的不同所构成上层建筑等的多样性，造成了社会环境的多样化。

自然环境和工程环境在空间上是有形的，其环境问题人们容易感知，而社会环境是无形的。随着科学技术的进步和人类文明的发展，有形的环境问题对无形的社会环境的影响日益深刻，如保护生态环境、建设生态文化的意识已渗透到社会的各个方面，各种环保组织甚至生态政治党派(如欧洲的绿党、生态党)不断兴起。同时环境经济学、生态经济学等理论，已成为指导经济可持续发展的重要依据；各种环境保护法律、法规的建立和健全等都使社会环境的各个层面发生着深刻的变化。因此，人类生存环境中的自然环境、工程环境和社会环境之间是相互联系和影响的。

(三)生境与自然环境

各种生态因子的性质、特性和强度等方面各不相同，各种因子通过相互组合、相互制约构成了丰富多样的环境条件，也为各种生物创造了不同的生活环境类型或称为生境类型。生境是生物有机体居住的地方，是具体的特定地段上对生物起作用的环境综合，特定的生境条件决定了特定的植被类型。正因为如此，人类通过一定的辅助措施促进受损生境的恢复，以达到合理利用自然资源、保护自然资源和保护生物多样性的目的。

因地球表面各部分距离太阳的远近不同，加之区域间凹凸状况的差异，构成了各区域不同的环境特点，这种环境即自然环境。自然环境从平面上可分为热带、亚热带、暖温带、温带、寒温带和寒带；从垂直面上可分为深海、浅海、沼泽、平原、高原和山地等。而大气圈、水圈、岩石圈、土壤圈和生物圈形成了地球上一切生物的大环境(或生态圈)，构成了自然界一切物质、能量交换的基本背景。

自然环境按人类对其影响和改造的程度可分为原生环境和次生环境。原生环境是没有受到人为的影响,或没有受到人类直接影响的自然区域,如原始森林、极地和大洋深处等;次生环境是指虽然受到人为活动的直接影响,某些环境要素发生一定程度的变化,但系统总体上以自然物理、化学和生物学过程为主,并能通过自然过程进行自我维持和自我调节,如原始次生林、非原始林自然保护区和天然牧场等。

二、生物种群与生物群落

(一)生物种群

1.种群

种群是指在一定的时间内占据特定空间的同一物种的集合体。种群可划分为动物、植物和微生物种群。种群是物种存在的基本形式,也是组成生物群落的基本单位。如沙丁鱼在海洋里由上亿条鱼组成的鱼群,游动起来就像是一个球体,即一个种群。种群的边界是任意的,通常根据所研究的课题来确定,按分布区、地块、山头或某一空间范围,如在分布区范围内的某一树木种群、岛屿的某一种动物种群或一片山林的某一鸟类种群等。"独木不成林",形象地说明了个体对群体的依赖,任何个体不能脱离其种群而长期存在。因此,种群中的个体不是独立存在的,而是通过各种复杂的种内关系组成一个复杂的统一体,同时,个体和种群都与环境发生相互作用。

2.种群的基本特征

种群的基本特征指的是各类生物种群在正常的生长发育条件下所具有的共同特征。可概括为以下三个方面:

(1)空间特征。种群具有一定的分布区域和分布形式。由于自然环境的多样性以及种内种间个体的竞争,各种群在一定空间内都会呈现出特有的分布形式,通常主要为均匀型、随机型和成群型。

(2)数量特征。在一定的面积或空间范围内种群个体数目随时间变化的规律,包括种群大小和密度、出生率与死亡率、年龄与性别结构、迁入与迁出等。

(3)遗传特征。种群由一定的基因组成,同时具有遗传调节机能。种群通常是由相同基因型的个体组成,在繁殖过程中,可以通过遗传物质的重新组合及突变作用使种群的遗传性状发生变异,再通过自然选择使某些个体更能适应环境特点而占据优势。因此,随环境条件的变化,种群可能发生进化或适应能力的变化。

(二)生物群落

1.生物群落的基本特征

生物群落是指生存于特定区域或生境内的各种生物种群的集合体。如陆地生物群落可分为森林、疏林、灌木林、草原、荒漠和冻融等群落。生物群落不是生物种群随意的散布和拼凑,而是若干生物种群彼此影响和相互作用有规律地组合在一起的有序结构单元。群落的概念是生态学思想在实践应用中最重要的原理之一,它强调的是生物种群之间通过相互作用、相互联系在一起,能有机地、有规律地在一定空间内共处构成的组合,并与无机环境之间发生相互作用。因此,对群落中某种生物控制的最好方法,就是改变群落,而不是直接改变生物本身。如人工纯林易遭病虫害的侵袭,通过营造结构合理的混交林,使病虫害控制在最低水平;又如,要维持一个比较好的鹌鹑种群,最好是建立或保持一个适宜它生活的生物群落,这比单独饲养或消灭任何一组限制因素要有效得多。所谓"群落的发展而导致生物的发展"就是此道理。

生物群落由种群组成,而种群是物种存在的基本单位。所以,群落的一些整体特征是单个种群和单个物种所不具备的。群落的基本特征可概括为以下几个方面:

(1)具有一定的种类组成。生物群落都是由一定的植物、动物和微生物种群组成的,各种群的数量在群落中所占的比例,反映了群落的物种多样性特征,决定着群落的稳定性程度和生产力的高低。生物群落的种类组成是指群落由哪些生物所构成。在群落中的地位与作用比较突出,起着控制或决定作用的种类或类群称为优势种。如将优势种从群落中清除掉,群落会发生彻底的变化,所在的生态系统的结构和功能被完全改变。若除掉一个非优势种,所产生的变化很小。

(2)具有一定的结构特征。群落除由种类组成外,还有垂直结构(生物在空间的垂直分布上所发生的成层现象,使各物种在单位空间中更充分地利用环境资源。群落成层性是评估生态环境质量的一个指标,也可指导人们建造结构合理、生产力高的人工群落)、水平结构(群落内由于环境因素在不同地点上的不均匀性和生物本身特性的差异,在水平方向上分化形成不同的生物小型组合)和营养结构等。

(3)具有一定的外貌特征。群落中的种类和个体,分别处于不同的高度和形成了一定的密度,从而构成了群落的外部形态特征。

(4)具有一定的动态特征。动态形式包括季节动态、年际动态和演替与演化等。

(5)形成一定的群落环境。每一个群落都分布在特定的空间范围内或是特定的生境内,不同的群落按照一定的规律分布。在自然条件下,有些群落具有明显的边界,有的则无明显的边界,而是处在连续变化中。生物群落对其居住的环境也会产生重大的影响,即形成群落环境。如森林环境与周围裸地就有很大的差异,包括光照、温度、湿度与土壤等环境因子都有明显的差异。

2. 生物群落中的生态位

生态位也称为"生态龛"或小生境。它是指生态系统中各种生态因子都具有明显的变化梯度,这种变化梯度中能被某生物物种占据利用或适应的部分称之为生态位。可见生态位是生物物种在完成其正常生活周期时所表现出的对环境综合适应的特性,也即一个物种在生物群落和生态系统中的功能和地位。从生态位的概念出发,群落可以看做是一个生态位分化了的系统。如一片荒山在定植乔木树种后,林冠下的弱光照、高湿度给耐阴生物提供了一个生态位,树冠中的食叶昆虫给鸟类提供了一个适宜的生态位,林地枯落物的堆积又给动物(蚯蚓、蠕虫等)提供了一个适宜的生态位,从而形成了一个相对稳定的森林群落。

物种的生态位之间通常会发生不同程度的重叠现象,只有生态位上差异较大的物种,竞争才会缓和,物种之间趋向于相互补充,而不是相互竞争。由多个物种组成的群落比单一物种的群落能更有效地利用环境资源,维持较高的生产力,并且有较高的稳定性。农林业生产中,人们应用这一理论对农林业生物的物种进行合理的组配,以达到获得高生态位的效能,提高整个系统的生产力。同时,人们也在努力去除病、虫、草以及水体中的有害生物等,以控制其对生态位的竞争,充分提高对资源的利用率。

(三)生物群落的演替

生物群落随着时间的推移,一些物种消失,另一些物种侵入,出现了生物群落及其环境向着一定方向有顺序的发展变化过程,称为生物群落演替。演替中群落结构开始变化较快,随着演替的进行,变化速度缓慢而趋于稳定,群落演替系列最后达到稳定阶段形成稳定的群落,即顶级群落。群落演替是群落内部关系与外部环境中的各种生态因子综合作用的结果。生物群落演替的主要原因可归纳为外因演替和内因演替两种类型。

由于外部环境的改变所引起的生物群落演替,称为外因演替。如由于恶劣气候、海岸升降、河流冲积、风沙入侵、水土流失、某些生物的侵入和人为活动的干扰等引起的群落演替均属于外因演替。人类活动的干扰对生物群落演替的影响远远超过了其他所有的自然因子,如大规模的人类经济活动中的森林采伐、草原放牧以及耕地大面积的侵占等,都会使原有生物群落遭到破坏而群落发生次生演替。例如在草原生物群落中,草原的放牧演替是逐渐缓慢发生的,如果在轻度和适度放牧强度下,草原群落向优质高产牧草群落演替,而在重度放牧、过度放牧和极度放牧的强度下,则向劣质低产牧草群落演替。如果放牧强度继续增大,就会造成土壤的盐碱化和沙化,发生逆向演替。逆向演替实际上是指原来的群落在外界因素如火烧、采伐、开垦及其他自然灾害的作用下,群落由比较复杂、相对稳定、生产力高的阶段向着简单、稳定性差和生产力低的阶段退化。由于人类活动通常是有意识、有目的的进行,人类对自然环境的生态关系会起着促进、抑制、改造和重建的重要作用。

在气候和其他条件相对稳定的条件下,由于群落成员的生命活动改变着群落内部环境,而改变了的内部环境反而不利于原有群落成员的生长和繁殖,逐渐形成了新的群落成员。这种循环往复的进程所引起的生物群落演替称为内因演替。如群落中植物优势种的发育导致群落内光照、温度、水分及土壤养分状况的改变,即为演替创造了条件。

三、生态系统

(一)生态系统的概念

生态系统实际上是在生物群落的基础上,加上非生物的环境成分。也就是说,生态系统是由生物群落与非生物环境相互依存所组成的一个生态学功能单位。或者说,在一定的空间范围内,生物和生物之间、生物和非生物环境之间密切联系、相互作用并形成具有一定结构、完成一定功能的综合体。

生态系统是一个全方位的开放系统,系统的各组分间以及与环境之间,都不断地进行相互作用和交流,使生态系统本身的结构和功能得到发生与发展。生态系统本身处于非平衡状态,并具有通过与外界的交换向平衡目标发展的趋势。

(二)生态系统的组成

任何一个生态系统都是由生物系统和环境系统共同组成的。生物系统包括生产者、消费者和分解者(还原者);环境系统包括太阳辐射以及各种有机物和无机物等的成分(见图1-2)。组成生态系统的成分通过能流、物流和信息流,彼此联系起来形成一个整体功能体系。

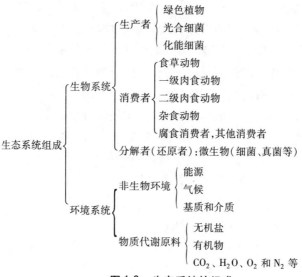

生态系统组成
 ├─ 生物系统
 │   ├─ 生产者
 │   │   ├─ 绿色植物
 │   │   ├─ 光合细菌
 │   │   └─ 化能细菌
 │   ├─ 消费者
 │   │   ├─ 食草动物
 │   │   ├─ 一级肉食动物
 │   │   ├─ 二级肉食动物
 │   │   ├─ 杂食动物
 │   │   └─ 腐食消费者,其他消费者
 │   └─ 分解者(还原者):微生物(细菌、真菌等)
 └─ 环境系统
     ├─ 非生物环境
     │   ├─ 能源
     │   ├─ 气候
     │   └─ 基质和介质
     └─ 物质代谢原料
         ├─ 无机盐
         ├─ 有机物
         └─ CO_2、H_2O、O_2 和 N_2 等

图 1-2 生态系统的组成

(三)生态系统的结构

生态系统中组成成分及其在时间、空间上的分布和各组分间的能量流动、物质流动与信息流动的方式和特点,称为生态系统的结构。主要包含物种结构、时空结构和营养结构。

物种结构指生态系统中生物组分由哪些生物种群所构成以及它们之间的量比关系,不同的量比关系构成了生态系统的基本特征;时空结构是各生物种群在空间上的配置和在时间上的分布,构成了生态系统形态结构上的特征。大多数自然生态系统的形态结构都具有水平空间上的镶嵌性、垂直空间上的成层性和时间分布上的发展演替特征;营养结构为生态系统中由生产者、消费者、分解者三大功能类群以食物营养关系所组成的食物链(生物组分通过吃与被吃的关系彼此连接起来的一个序列,就像一条链索一样,这种关系被称为食物链)或食物网(各种生物之间的取食与被取食关系往往不是单一的,多数情况是交织在一起,一种常常以多种食物为生,而同一食物又常常被多种消费者取食,于是多条食物链相互交织,相互连接成"网络",即食物网)。营养结构是生态系统中物质循环、能量流动和信息传递的主要途径。

(四)生态系统的功能

生态系统具有能量流动、物质循环和信息传递三大功能,能量流动和物质循环是生态系统的基本功能,信息传递在能量流动和物质循环中起调节作用,而能量和信息又依附于一定的物质形态,三者不可分割,成为生态系统的核心。

1. 能量流动

在生态系统能量转化过程中,能量不断地消耗与输出,使能量逐渐减少,其转化遵循热力学定律。生态系统中的能量转化用热力学第二定律可描述为:始于太阳辐射的一系列能量在转化过程中,只有少量的能量转化为在植物体或动物体内的化学潜能,大部分以热能的形式消耗(使系统的熵增加和无序性增加),以维持动植物生命活动或微生物的分解过程。由于生态系统是一个开放系统,不断有物质和能量的输入与不断排出熵,从而维持系统的稳定性。美国的生态学家林德曼研究发现,生态系统食物链营养级之间的能量转化效率平均大致为 1/10,其余 9/10 由于消费者采食时的选择浪费以及呼吸、排泄等被消耗了,这个发现被人们称为林德曼效率或 1/10 定理。这是对生态系统食物链各营养级之间效率的一个粗略估算。能量转化效率在生态学上又被称为生态效率,上述定律又被称为生态效率定律。

能量流动与转化的基本定律对指导建立各类生态系统结构,保持适宜的人地比例、农牧比例和适宜的草场载畜量及人类的食物构成等具有重要的指导作用。

2. 物质循环

生态系统是一个物质实体。物质在有机体和生态系统中起着双重作用,既是用以维持生命活动的物质基础,又是能量的载体。物质能够在生态系统中被反复利用而进行循环。

根据物质循环的范围、路径和周期,可分为两种循环类型。一类为生物地球化学循环,指化学元素在生态系统内部的运动。其特点是:局限在某一个生态系统内,以生物为主体与环境之间进行迅速的交替。环境中的元素经生物体吸收,在生态系统中被多层次利用,然后经过分解者的作用,再为生产者吸收利用,如森林生态系统。另一类为不同生态系统之间的循环,即地球化学循环。其特点是:周期长,范围大,甚至到整个生物圈。例如,降雨可将养分和其他物质从一个生态系统(如海洋)转移到另外一个生态系统(如大陆)中去,溪流、江河水可使养分从森林流入海洋。

3. 信息传递

在生态系统中,生物与环境产生的物理信息(声、光、色、电等)、化学信息(酶、维生素、生长素、抗生素等)、营养信息(食物和养分)和行为信息(生物的行为和动作)在生物之间、生物与环境之间的传递,把生态系统的各组分联系成为一个整体,具有调节系统稳定性的功能。

四、社会-经济-自然复合生态系统

当今社会纯粹的自然生态系统是很少的,绝大部分生态系统都或多或少地受到人类活动的影响,即属于社会-经济-自然复合生态系统。这一系统是以自然环境为依托、人的行为为主导、资源流动为命脉、社会体制为经络的半人工生态系统,或由异质性的生态系统所组成的。如城市生态环境系统、工矿生态系统、农业生态系统和温室生态系统等均属复合生态系统。

五、生态平衡及受损生态系统的恢复与重建

(一)生态平衡的概念

随着人口增加、资源开发、环境变迁和经济的增长,人类对自然生态系统的压力越来越大,使生态系统的稳定性受到了严重的干扰,不少有识之士大声疾呼要保持自然生态系统的平衡,因此生态平衡一词不胫而走。它的具体涵义为:"生态平衡是生态系统在一定时间内结构与功能的相对稳定状态,其物质和能量的输入、输出接近相等,在外来干扰下,

能通过自我调节(或人工控制)恢复到原初稳定状态。当外来干扰超越生态系统自我调节能力,而不能恢复到原初状态,谓之生态失调或生态平衡的破坏。生态平衡是动态的,维护生态平衡不只是保持其原初状态,生态系统在人为有益的影响下,可以建立新的平衡,达到更合理的结构、更高效的功能和更好的生态效益。"这一涵义包含着多方面的生态学概念,如生态系统的发展、稳定,生态系统的调节和对外界干扰的抵抗能力等。

生态系统通过发展、变化、调节,达到一种相对稳定的状态,包括结构上的稳定、功能上的稳定和能量输入、输出上的稳定。生态平衡是动态的,因为能量流动和物质循环总在不间断地进行,生物个体也在不断地进行更新。当生态系统中某一成分发生改变而引起不平衡时,可依靠生态系统的自我调节能力,使其进入新的平衡状态。生态系统调节能力的大小,取决于生态系统的成熟程度,生态系统成分越多样,结构越复杂,调节能力也越强。当外来干扰超越生态系统自我调节能力,而不能恢复到原初状态谓之生态失调或生态平衡的破坏,也即生态系统存在着一个稳定性阈值。若超出了这个限度,即超出了生态系统的忍耐力或稳定性阈值,生态平衡就会遭到破坏。

(二)受损生态系统的恢复与重建

现代人类活动已使自然环境剧烈变化,或使自然生态系统的有害物质剧增,超过了自然生态系统自我调节的稳定性阈值,使生态系统严重受损。生态系统的受损,主要是干扰造成的。按干扰来源,可分为自然干扰和人为干扰,自然干扰是局部的和偶然发生的,如火、冰雹、洪水、泥石流等;而人为干扰的影响可以涉及种群乃至整个生物圈。生态系统的结构和功能可以在自然干扰与人为干扰的作用下发生位移,位移的结果打破了原有生态系统的平衡状态,使系统的结构和功能发生变化与障碍,形成破坏性波动或恶性循环。这样的生态系统称为受损生态系统。

受损生态系统的恢复和重建最重要的理论基础是生态演替。由于生态演替的作用,生态系统可以从自然干扰和人为干扰所产生的位移状态中得到恢复,生态系统的结构和功能得以逐步协调。在人类的参与下,一些生态系统不仅可以加速恢复,还可得到修复、改建和重建。

恢复是将受损生态系统从远离初始状态的方向推移回到初始状态。受损生态系统的恢复可以依据两种模式途径:当生态系统受害未超过负荷并没有发生不可逆的变化,压力和干扰被移去后,恢复可在自然过程中发生。如对退化草场进行围拦保护,几年后草场即可得到恢复。另一种是生态系统的受损是超负荷的,并发生不可逆变化,只依靠自然过程并不能使生态系统恢复到初始状态,必须依靠人的帮助,必要时需要非常特殊的方法,至少要使受害系统得到控制。

生态修复是为了加速破坏生态系统的恢复,还可以辅助人工措施为生态系统健康运转服务,以加快生态系统的恢复。如对严重退化的草场通过封禁保护和在局部位置利用灌溉余水进行草场灌溉等措施,促使草场植被尽快恢复。

生态重建是将生态系统的现有状态进行改善,改善的结果是增加人类所期望的"人造"特点,压低人类不希望的自然特点,使生态系统进一步远离它的初始状态。如废弃地的植被恢复。

生态改建是将恢复和重建措施有机地结合起来,使恶化状态得到改善。

第四节　景观生态学原理

景观生态学是 20 世纪 70 年代于北欧兴起,在近 10 多年迅速发展起来的一门新的应用生态学。景观生态学的产生和发展来自于人们对大尺度生态环境问题的日益重视,其理论和方法来自于现代生态学与地理科学的发展及其他相关学科领域知识的积累。景观生态学的发展为综合解决资源与环境问题,全面开展生态环境建设提供了新的理论和方法。

一、景观

景观的特征与表象是丰富的,人们对景观的感知和认识也是多样的。景观同风景、景致、景象,为视觉美学意义上的概念。我国从东晋开始,山水风景画就从人物画的背景中脱颖而出,山水风景很快成为艺术家们的研究对象,景观作为风景的同义词沿用至今。这种针对美学风景的景观理解,既具最朴素的意义,也是后来科学概念的来源。可见,景观没有明确的空间界限,主要突出一种综合直观的视觉感受。

18、19 世纪,景观逐渐被引申为包含着“土地”的地理空间概念,使景观获得了更为广泛的含义。即景观是总体环境的空间可见整体或地面可见景观的综合(即包含了各种建筑物和工程建设用地),也就是“自然地域综合体”的代名词。这里的景观在强调景观地域整体性的同时,更强调景观的综合性,认为景观是由气候、水文、土壤、植被等自然要素以及文化现象(各类人工建筑物是文化现象的具体体现)组成的地理综合体。

20 世纪 30 年代,德国的生物地理学家 Troll 提出“景观生态”一词,景观的概念被引入生态学并形成景观生态学。景观生态思想的产生使景观的概念发生了革命性的变化。Troll 不仅把景观看做是人类生活环境中视觉所触及的空间总体,更强调景观作为地域综合体的整体性,并将地圈、生物圈和智慧圈看做是这个整体的有机组成部分(如城市景观、工程景观、旅游地风景、园林景观等,大量的人工建筑物成了景观的基质而完全改变了原有的地面形态和自然景观,人类系统成为景观中主要的生态组合,系统的易变性和不稳定性也相应增大,人类活动对于景观有着广泛而深刻的影响)。

总之,对景观可作如下理解:①景观具有异质性,它由不同的空间(土地)单元镶嵌而成;②景观具有明显的形态特征与功能联系的地理实体(明显视觉特征的地理实体,即地域性);③景观既是生物的栖息地,也是人类的生存环境;④景观是处于生态系统之上、大地理区域之下的中间尺度;⑤景观具有经济、生态和文化的多重价值,表现为综合性。

二、景观生态学

景观生态学主要研究景观的空间结构、景观功能和景观变化。景观的空间结构指的是景观类型与景观格局;景观功能指的是空间要素间的相互作用;而景观变化则包括了结构和功能随时间的变化。

从景观生态学研究内容看,景观生态学不仅非常重视生态景观的形成和演变,而且也没有忽略视觉景观是人类对于环境感知的重要内容,即景观功能和价值的有机组成部分。

生机、和谐、优美和奇特的景观,是人类可以直接利用的资源,因此视觉景观的资源性,特别表现在对风景旅游地的认识和开发以及对于人类居住地的设计和改造。同样,具有良好构型的景观也是一种环境资源,有利于发挥最大的生态效益。

景观构型反映在对生物活动的影响或反映在植物分布的空间格局上,或反映在野生动物栖息地的生境特征,有机体在异质性景观中表现出不同的迁徙、扩散和传播特征;景观对于人类活动的影响当然不仅反映在经济活动中(如不同的土地利用方式),而且也反映在文化活动中(如旅游和建筑)。另外,人类活动也是景观变化的重要驱动力,如对于自然景观的改造形成了经营景观,对自然景观进行全新构建形成了人工景观,在此过程中人类不同的文化传统也会影响到对景观的利用和改造。

总之,景观生态学就是研究由相互作用生态系统组成的异质地表的结构、功能和动态。它是一门新兴的交叉学科,主体是地理学与生态学的交叉,该学科强调异质性,重视尺度性、高度综合性。景观综合、空间结构、宏观动态、区域建设、应用实践是景观生态学的主要特点。

三、基本概念

(一)斑块 – 廊道 – 基质模式

这是构成和用来描述景观空间格局的一个基本模式。

斑块是指在景观的空间比例尺上所能见到的最小异质性单元,即一个具体的生态系统。

廊道是指不同于两侧的狭长地带,可看做是一个线状或带状地块。

基质是景观中范围广泛、相对同质且连通性最强的背景地域,是一种重要的景观元素。基质在很大程度上决定景观的性质,对景观的动态起着主导作用(即景观中占绝对主导地位的斑块)。

斑块 – 廊道 – 基质模式的形成,使得对景观结构、功能和动态的描述更为具体形象,而且也有利于考虑结构与功能之间的相互关系,比较它们在时间上的变化。当然,斑块 – 廊道 – 基质的区分也是相对的,如某一尺度上的斑块可能成为较小尺度上的基质,也可能是较大尺度上廊道的一部分。

(二)格局、过程、尺度

1.格局

格局是指空间格局。具体来讲,大小和形状各异的景观要素在空间上的排列与组合,包括景观组成单元的类型、数目以及空间分布与配置。如不同类型的斑块可在空间上呈随机型、均匀型和聚集型。

空间格局制约着各种生态过程,它与抗干扰能力、恢复能力、系统稳定性和生物多样性有着密切的联系。

2.过程

过程强调事件或现象发生、发展的动态特征。主要指的是生态学过程,如种群动态、种子或生物体的传播、群落演替、干扰传播、物质循环、能量流动等。影响基本生态过程的空间格局参数有:①斑块大小。影响单位面积的生物量、生产力、养分储存、物种多样性,以及内部物种的移动和外来物种的数量。大的自然植被斑块在景观中可以发挥多种生态功能,起着关键作用。②斑块形状、密度及分布构型等都与景观的"流"有关。

3. 尺度

尺度指研究某一物体时所采用的空间和时间单位,常用分辨率或范围表示,具体为空间尺度和时间尺度。①空间尺度。最小信息单位的空间分辨率水平。②时间尺度。某一事件其动态变化的时间间隔。

(三)空间异质性

异质性是景观生态学中一个重要概念。异质的一般定义为:由不相关或不相似的组分构成的系统。

景观是由异质要素组成,异质性作为景观的结构特征,对景观的功能和过程有重要影响。异质性同抗干扰能力、恢复能力、系统稳定性和生物多样性有着密切的联系,异质性高,有利于物种共生。在景观层次上,异质性主要来源于自然干扰、人类活动和植被的内源演替,体现在景观的空间结构变化和组分的时间变化上(在时间异质方面生态学中研究得非常广泛,如植被演替),在此主要集中于空间结构变化方面的内容。

四、干扰

干扰直接影响着生态系统的演变过程。干扰是一种偶然发生的不可预知的事件,是在不同时空尺度上发生的自然现象。

干扰不同于灾难,不会产生巨大的破坏作用,但经常发生使物种没有充足的时间进化,因此干扰直接改变生态系统的结构。

(一)干扰的类型

按干扰的来源分为自然干扰(无人为活动介入的自然环境条件下发生的干扰,如火、风暴、火山爆发、洪水泛滥、病虫害等)和人为干扰(人为有目的地对自然进行的改造或生态建设,如烧荒种地、森林砍伐等。人类活动是一种生产活动,从人类的角度出发,不称为干扰,但对于自然系统来讲,人类的所作所为均是一种干扰)。

按干扰的功能可分为内部干扰(相对静止的长时间内发生的小规模干扰,如群落的内因演替或病虫害)和外部干扰(短期内的大规模干扰,打破了自然生态系统的自身演替过程)。

(二)干扰的性质

1. 多重性和相对性

干扰对生态系统的影响是多方面的。自然界中发生的同样事件,在某种条件下对生态系统构成干扰,但是在另外一种环境条件下可能是生态系统的正常波动,这是因为干扰不仅取决于干扰本身,同时还取决于干扰发生的客体。

2. 干扰具有明显的尺度性

干扰的判断依赖于尺度、事件强度以及系统本身。

干扰的规模、频率、强度和季节性与时空尺度密切相关。通常规模小、强度低的干扰发生的频率高,相反其频率低。前者的影响小而后者的影响大。如病虫害的发生,可能会造成物种结构的变异,导致某些物种的消失或泛滥(松毛虫),对于种群来说是一种严重的干扰行为,但对整个群落的生态特征并不一定产生影响,从生态系统的尺度来讲不是干扰,而是一次正常的生态行为。同理,对于生态系统成为干扰的事件,在景观尺度上可能是一次正常的扰动(系统正常范围的波动)。

3. 干扰的生态学意义

(1)干扰与景观异质性。从一定意义上讲,景观异质性是不同时空尺度上频繁发生干扰的结果。在复杂多样、规模不一的干扰作用下,异质性的景观逐渐形成。一般低强度干扰,景观异质性会增强,而中高强度的干扰,则会降低景观的异质性。如山区中小规模的森林火灾,会形成一些新的小斑块,增大了山地景观的异质性;若森林火灾较大时,会烧掉山区的森林、灌丛和草地,将大片的山地变成均质荒凉景观。即干扰能导致景观异质性的增加或降低。反之,景观异质性的变化同样会增加或减弱干扰在空间的扩散和传播,如各斑块的空间分布格局不同,相邻斑块的相似程度不同,比如森林火灾时,林地中微小的溪沟对大火的扩散会引起一定的阻滞作用。

(2)干扰与景观破碎化。干扰与景观破碎化的关系较复杂。规模较小的干扰可导致景观的破碎化,如火灾可以形成新的斑块,频繁发生的火灾将导致景观结构的破碎化。景观破碎化对于物种灭绝具有重要的影响,它缩小了某一类型生境的总面积和单个斑块作为动物栖息地的面积,影响到种群大小和灭绝速度;同时在不连续的片段化生境中,残留面积的再分配也影响到物种散布和迁移速度。然而,当火灾足够强大时,将可能导致景观的均质化而不是景观的进一步破碎化。这是因为在较大干扰条件下,景观中现存的各种异质性斑块逐渐会遭到毁灭,形成一片荒芜,火灾过后的景观会成为一个较大的均匀基质,然而,这种干扰同时也破坏了原有景观生态系统的特征和生态功能,往往是人们所不期望发生的。

干扰所形成的景观破碎化直接影响到物种生存和生物多样性的保护。所以,景观对干扰的反映存在一个临界阈值,当干扰的规模和强度高于这个阈值时,景观格局就会发生质的变化。相应地,维护大地景观格局的连续性,强化整体山水格局的完整性,必然对生物多样性保护和维持生态安全具有重要的意义。

五、生态交错带与边缘效应

生态交错带也称景观边界或边缘地带,它是相邻生态系统之间的过渡区。如水陆交错带、干湿交错带、农牧交错带、森林边缘带、沙漠边缘带和城乡交错带等。边缘部分由于受到外界环境的影响而表现出与其中心部分不同的生态学特征,形成了不同的物种组成和丰富度,即边缘效应(如形成边缘物种,即主要利用景观边界的物种;内部种,指远离景观边界的物种)。如小块林地中的鸟巢多集中于边缘;鸥鸟在林缘不易筑巢,而在林内筑巢。又如小片林地斑块中的种子也是以林缘植物的种子为主,这将最终改变森林物种的组成,内部耐阴的植物将被来自林缘的不耐阴的种类所代替。

引起植物变化的边缘效应宽度为 10 ~ 30 m,而引起动物物种变化的边缘效应宽度向林内延伸的距离可达 300 ~ 600 m。

生态交错带对穿过它们的"流"起到促进(生产力提高,物种多样性增加。生态交错带含有两个相邻群落中偏爱边缘生境的物种,而且特化了的生境导致形成边缘种或特有种)或阻碍(种类减少,生产力降低,生物量减少,风蚀或水土流失加剧)的作用。即生态交错带起到了对生物和非生物要素迁移的"半透膜"作用。一方面适宜边缘物种生活,另一方面阻碍了内部物种的扩散。反映了风和水的流动、物理性限制因子、生境的有效性、动物迁移活动以及竞争、捕食及被捕食等机制的改变。据研究,旱灾引起的树木死亡在距林缘 70 m 的地带,该区的损失比平均数高出 25% ~ 30%,这说明零星的树木更易遭到干旱、火灾等干扰的侵袭。

生态交错带的边缘效应使得其物种数目和密度一般较相邻群落大,如水陆交错带,水鸟、水禽和鱼类种类多,因此生态交错带引起生物界的关注。另外,生态交错带也是一个生态脆弱带。如城乡交错带,由于人口数量和质量、经济形态、供需关系、物质能量交换水平、生活水准和社会心理等因素,使得这一过渡带的时空变化表现出十分迅速和不稳定的特征,具有脆弱程度较高的特点。因此,应注意控制在生态交错带的活动强度,以保护该区域的生态环境和保护物种的多样性。

六、景观多样性

多样性是生物学中使用很广的概念。从遗传、物种、生态系统直到景观的多样性。由于人类活动所造成的景观破碎化和生境破坏是全球物种灭绝速度加快的重要原因,因而了解景观多样性的意义显得尤为重要。

景观多样性是指景观单元结构和功能方面的多样性,反映景观的复杂程度。景观多样性与景观异质性既有联系又有区别。景观异质性强调的是景观的变异程度,类似于景观类型的多样性。而景观多样性包括斑块多样性、类型多样性与格局多样性。

斑块多样性是指景观中斑块的数量、形状、大小等方面特征的多样性和复杂性。斑块是相对均质的景观基本组分,作为生物物种的聚集地,也是景观中物质和能量迁移与交换的场所。斑块多样性中的斑块总数和斑块密度(单位面积上的斑块数目)就是景观完整性和破碎化的反映;斑块面积的大小影响物种的分布、生产力水平及能量和养分的分布。一般而言,斑块中能量与矿质养分的总量与其面积成正比,物种多样性和生产力水平也随斑块面积的增加而增加,大致的规律是面积增加 10 倍,物种增加 2 倍。斑块形状对生物的扩散和动物的觅食及物质和能量的迁移也有重要的影响,如通过林地迁移的昆虫或飞越林地的鸟类,更容易发现垂直于它们迁移方向的狭长形采伐迹地;不同的斑块形状对径流过程和营养物质的截留也有不同的影响。

景观类型的多样性是指景观的丰富度和复杂性,它与物种多样性的关系不是简单的正比关系,而是往往呈现正态分布的规律。如单一的农田景观中增加适度的林地斑块,引入一些森林生境的物种,增加了物种的多样性;而森林破坏、毁林开荒造成生境的破碎化,结构单一的人工生态系统大面积出现,有时虽然增加了类型的多样性和格局多样性,但却对物种多样性保护不利。一般来讲,景观类型多样性与物种多样性的关系如图 1-3 所示。

由图 1-3 可知,在景观类型少、大均质斑块、小边缘生境的条件下,物种多样性低;随着类型多样性和边缘物种增加,物种多样性也增加。当景观类型、斑块数目与边缘生境达到最佳比率时,物种多样性最高。之后,随着类型和斑块数目增多,景观破碎化,致使内部物种向外迁移,多样性随之降低;最后残留的小斑块有重要意义的生境,维持着低的物种

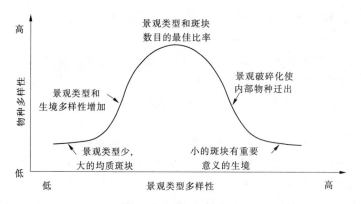

图 1-3　景观类型多样性与物种多样性关系（傅伯杰，1996）

多样性。

　　景观格局多样性是指景观类型空间分布的多样性和景观空间格局（如林地、草地、农田和裸地的不同配置）对径流、侵蚀和元素迁移的影响。例如农田景观中的防护林或树篱，既是防风屏障，也可拦蓄和分散地表径流，可有效地控制水土和养分的流失。格局多样性对物质迁移、能量交换和生物运动都有重要的影响，在景观设计、规划和管理上对物种多样性的保护有重要的作用。

第五节　环境保护与可持续发展

一、生物多样性保护

（一）生物多样性的涵义

　　生物多样性是指生物有机体及其赖以生存的生态综合体的多样性和变异性。它包括了生命形式的多样化，各生命形式之间及其与环境之间的多种相互作用。生物多样性是地球生物圈与人类本身延续的基础，对保护环境和维持经济、社会、自然复合生态系统的平衡具有不可估量的价值。

　　生物多样性，包含了生物的遗传多样性、物种多样性、生态系统多样性和景观多样性等四个方面的内容。

　　1. 遗传多样性

　　遗传多样性是指生物个体中所包含的各种遗传物质和遗传信息。它既包括了同一种的不同种群的基因变异，也包括了同一种群内的基因差异。遗传多样性对于物种的维持和繁衍、物种适应环境和增强物种的抗逆力都是十分重要的。

　　2. 物种多样性

　　物种多样性是指多种多样的生物类型及种类，强调物种的变异性。物种多样性代表着物种演化的空间和对特定环境的生态适应性，如水生植物类群、旱生植物类群和沙生植物类群等。物种多样性是物种进化机制的最主要产物。因此，物种是最适合研究生物多样性的生命层次。如通过水土保持生态环境的建设，改善了生态环境，形成了类型多样的生境环境,是增加物种多样性的一条重要途径。

3. 生态系统多样性

生态系统多样性是指生态系统中的生境类型、生物群落和生态过程的丰富程度。与遗传多样性和物种多样性相比,生态系统多样性的测定是比较困难的。这是因为生态系统是动态的,而且生物群落和生态系统的界限常常难以确定。

4. 景观多样性

景观多样性反映景观的复杂程度,包括斑块多样性、景观类型及景观格局的多样性。

(二)生物多样性保护的途径

生物多样性保护的途径主要包括生物多样性的就地保护和迁地保护。特别是在物种原有生境受到破坏或各类开发建设工程项目的增多对物种的生存条件带来了直接影响的情况下,迁地保护途径尤为重要。

1. 就地保护

生物多样性就地保护的途径主要是建立自然保护区。

自然保护区的建立通常要考虑以下几方面的内容:

(1)选择地段的代表性。即有典型的物种和群落的地区,或物种多样性和群落多样性较高的地区。如高山、丘陵、湿地、河流和岛屿等,以使较多的物种得到保护。

(2)保护的有效性。即自然保护区的面积应能满足被保护物种生存繁衍的需要,满足生态系统中能流、物流及各种生态过程圆满实现的需要,而且能对保护区周围的人类活动加以控制。

(3)就地保护区应具有空间的连续性。如应包括从低海拔到高海拔的各种高度或从干旱到湿润的各种水分变化的地区。

2. 迁地保护

迁地或异地保护是指将濒危动植物迁移到人工环境中或易地实施保护。其目标是为濒危物种提供正常生存的原生环境,也就是建立自然状态下可生存种群。

由于各种干扰,造成物种生存的原有生境破碎成斑块状或原有生境不复存在,或物种数目下降到极低的水平,特别是个体难以找到配偶时,都需要进行迁地保护。如迁地保护可利用动物园、植物园、树木园,以及建立各种迁地保护基地与繁育中心等,对野生动物和野生植物进行保护。

二、可持续发展

(一)可持续发展的含义

1987年,世界环境与发展委员会在《我们共同的未来》研究报告中,把可持续发展定义为"既满足当代的需求,又不危及后代满足需求能力的发展"。其实质体现了三个相互联系的持续性:生态持续性、经济持续性和社会持续性。这意味着我们在空间上应遵守互利互补的原则,不能以邻为壑;在时间上应遵守理性分配的原则,不能在"赤字"状况下进行发展的运行;在伦理上应遵守"只有一个地球"、"人与自然平衡"、"平等发展"、"互利互惠"、"共建共享"等原则,承认发展的多样性,并体现高效和谐、循环再生、协调有序、运行平稳的良性发展的运行状态,可持续发展为一种正向的有益的发展过程。

1992 年在巴西里约热内卢召开的联合国环境与发展大会,通过里热宣言和 21 世纪议程等文件,第一次将持续发展从概念、理论推向实践,要求以持续发展为指导思想,从政治平等、消除贫困、环境保护、资源管理、生产与消费方式转变、科学技术、立法、国际贸易、动员公众参与等各方面采取行动,建设一个可持续发展的社会,充分体现了可持续发展社会中人与自然之间的协调发展关系。

世界环境与发展委员会认为,可持续发展原则包括 9 个方面:①建立一个可持续性社会;②尊重和保护生态社区;③改善人类生活质量;④保护生物的多样性;⑤发展维持在承载能力之内;⑥改变个人的态度和生活习惯;⑦使公民团体能够关心自己的环境;⑧建立协调发展与保护的国家网络;⑨创建全球性联盟。

(二)我国可持续发展框架

1994 年 3 月 25 日在国务院第 16 次常务会议上通过的《中国 21 世纪议程》,是我国走向 21 世纪的可持续发展战略框架,是制定我国国民经济和社会发展中长期计划的指导性文件,也是我国政府履行 1992 年联合国环境与发展大会文件的原则立场和实际行动的体现。中国可持续发展战略框架如图 1-4 所示。

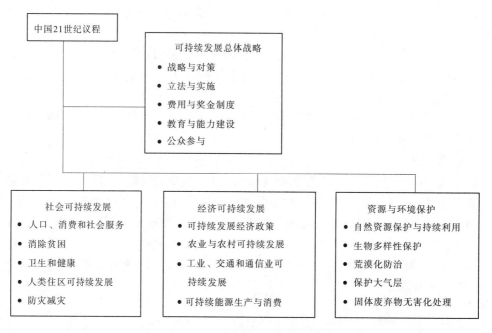

图 1-4　中国可持续发展战略框架

(三)可持续发展水平衡量

决定可持续发展的水平,可由以下五个基本要素及其间的复杂关系来衡量。

1. 资源的承载能力

资源的承载能力即基础支持系统。这是一个区域人均的资源数量和质量,以及它对于该空间人口的基本生存和发展的支撑能力。若满足则具备了持续发展的条件;如不满足,应依靠科技进步挖掘替代资源,务求基础支持系统保持在区域人口需求的范围之内。

2. 区域的生产能力

区域的生产能力也称动力支持系统或福利支持系统。这是某区域在资源、人力、技术和资本的总体水平上，可以转化为产品和服务的能力。可持续发展要求此种生产能力在不危及其他子系统的前提下，应当与人的需求同步增长。

3. 环境的缓冲能力

环境的缓冲能力通常称为容量支持系统。人对区域开发、资源利用、生产发展和废物处理等，均应维持在环境的允许容量之内。

4. 进程的稳定能力

进程的稳定能力即过程支持系统。在整个发展的进程中，希望不出现由于自然波动和经济社会波动所带来的灾难性后果。因此，通过培植系统的抗干扰能力和增加系统的弹性，使系统有迅速的重建能力。

5. 管理的调节能力

管理的调节能力也称智力支持系统。要求人的认识能力、行动能力、决策能力和人的调整能力，应适应总体发展水平。即人的智力开发和对于自然 - 经济 - 社会复合系统的驾驭能力，要适应可持续发展水平的需要。

通过以上五个要素的内容，可以对某区域可持续发展能力作出判断，并且可以通过全面比较不同区域的可持续发展潜力，建立起可持续发展进程的整体规划战略。

思考题

1-1　解释概念

水土流失　　土壤侵蚀　　土壤侵蚀强度　　水土保持　　允许土壤侵蚀量　　生态环境　　生物群落　　生态系统　　景观　　格局　　生态交错带　　景观多样性　　生态平衡

1-2　简述水土流失和土壤侵蚀的相互联系与区别。

1-3　试说明生态系统结构所包含的内容。如何使受损的生态系统得到恢复与重建？

1-4　简述干扰的生态学意义。

1-5　绘出简图，说明景观类型多样性和物种多样性之间的相互联系。

1-6　什么是生物多样性？生物多样性包含哪些内容？

第二章　水土流失形式及影响因素

水土流失形式按侵蚀外营力的不同可分为：水力侵蚀、重力侵蚀、风力侵蚀、混合侵蚀、冻融侵蚀、冰川侵蚀和化学侵蚀等形式。实际上，分布于同一区域的各种水土流失形式之间通常是相互影响、相互制约的，甚至是互为因果的，但各种侵蚀形式的形成又各有其特点。值得指出的是，开发建设项目区的水土流失是以人类活动作为外营力对地面土体进行扰动及堆置固体废弃物而造成的一种特殊水土流失类型，也是目前防治的重点内容之一（详见第十章）。

第一节　水力侵蚀

水力侵蚀是指以水为主要营力而产生的土壤侵蚀，包括降雨雨滴的击溅、地表径流冲刷、下渗水分作用和集中水流的冲刷与搬运等内容。因此，水力侵蚀既涉及在雨滴作用下的击溅侵蚀，又包括坡面水流的侵蚀及沟道集中水流的侵蚀作用，同时也包括了搬运过程中的搬运形式及堆积形式。这些形式往往互相穿插、交错和重叠在一起。水力侵蚀简称水蚀，是目前世界上分布最广、危害最为普遍的一种土壤侵蚀类型。水力侵蚀的表现形式主要有雨滴击溅侵蚀、面蚀、沟蚀、山洪和库岸波浪冲淘侵蚀等。

一、雨滴击溅侵蚀（也称降雨侵蚀）

裸露地表受到较大雨滴的猛烈打击时，土壤结构破坏和土壤颗粒发生位移并溅起的现象，称为雨滴的击溅侵蚀，简称溅蚀。溅蚀是一次降雨过程中最初发生的普遍现象。在降暴雨时接近地面白蒙蒙的一片，就是细小土粒被雨滴打击后所溅起的一种现象。当地面发生溅蚀时，土壤结构被破坏，土粒随雨滴溅散变成细小的粉粒，表面形成一层泥浆薄膜，堵塞土壤空隙，阻止雨水下渗，又为径流的形成创造了条件。据实验，在比降为0.15的斜坡上，土壤溅蚀量的75%向坡下移动。因此，溅蚀实际上包含了土粒的破坏、分离和流失的过程，而且坡面顶部往往成为击溅侵蚀最严重的部位。

雨滴击溅侵蚀量的大小与雨滴的质量、雨滴到达地面的终点速度、雨强以及土壤性质等因素密切相关。雨滴的侵蚀效应主要表现为：

（1）分散土壤颗粒。破坏土壤结构，降低土壤的渗透性。

（2）搬运土壤。溅蚀受坡度的影响突出，造成坡地顶部侵蚀量最大。

（3）促进面蚀的形成。溅蚀增强了坡面薄层径流的紊乱强度，促进了薄层水流搬运泥沙的能力，为面蚀的形成创造了条件。

二、面蚀

分散的地表径流冲走表层土壤颗粒的现象称为面蚀。即地表薄层水流对地面组成物质的破坏和搬运。面蚀带走大量土壤营养物质,导致土壤肥力下降,而且在未受植被保护的地面遇到风力作用时也会将土粒带走产生明显的面蚀。几乎所有的农地、没有植被及植被稀少的条件下,每逢暴雨或遇风的作用,面蚀这种侵蚀形式都会普遍存在。

面蚀的特点为:①涉及面广,被侵蚀的是肥沃的表土;②均匀的流失,往往不被注意;③单位面积的流失量小,但对农业生产的危害相当严重。面蚀不仅减薄了肥沃的表土层,而且还冲蚀掉土壤中的有机质、可溶性的一些矿质营养元素等,使土壤的结构破坏,持水性和透水性降低,最终使土地的生产力下降。面蚀主要有以下几种形式:

(1)层状面蚀。面蚀发生的初期,耕地处于休闲状态或作物生长的初期所发生的一种非常普遍的侵蚀形式。尤其是土层深厚的黄土地区,在地表径流形成的初期,伴随着击溅侵蚀的作用,径流与土体充分混合形成泥浆沿坡面顺流而下将土粒带走,造成地表土壤颗粒均匀的损失,即为典型的层状面蚀。

(2)沙砾化面蚀。广泛分布于土石山区。在土石山区由于土层浅薄,粗骨物质较多,经过反复面蚀后,造成土壤颗粒中的细小土粒越来越少,粗大沙砾的含量越来越高,最终导致弃耕,即沙砾化面蚀,群众称之为"沙磊子"。这种面蚀不仅发生在耕地上,在植被稀少的坡面上也常发生。

(3)鳞片状面蚀。在非农地的坡面上,由于不合理的采樵和放牧,使植被状况恶化,植被种类减少,覆盖稀疏,造成有植被和无植被处面蚀分布的不均匀,如鱼鳞状。这种形式在北方山地及黄土高原的牧荒地上最为常见。

(4)细沟状面蚀。地表径流形成后,由于地形起伏的影响,地表径流避高就低汇集成无数小股水流,冲刷出许许多多的小沟,造成面蚀的不均匀性,即细沟状面蚀。其特点为:①细沟沿坡面平行分布,因坡面径流由坡面顶部向下部的不断汇集,沿着流线的方向冲刷形成许多平行分布的细沟,有些细沟相互串通;②小沟的深、宽小于20 cm,经耕翻后又恢复平整,因此仍属面蚀的范畴。细沟状面蚀表明面蚀已发展到了严重的阶段。黄土高原地区的群众将细沟状侵蚀形象地称为"挂椽",这是造成"三跑田"的重要侵蚀方式之一。

此外,受重力作用降水沿土壤空隙向土层深处垂直运动,将溶解的物质和未溶解的细小土壤颗粒携带至深层土体,造成土壤养分的损失,土壤理化性质恶化,这种侵蚀称为淋溶侵蚀。一般土层薄的沙质壤土,易溶性盐分含量较高时,淋溶侵蚀较严重。淋溶侵蚀也是造成土壤肥力下降的原因之一。

面蚀属于分散地表径流的侵蚀作用,其侵蚀规律可概括为:①随坡长的变化。从坡的顶部到坡脚由无侵蚀带、侵蚀加强带和堆积带三部分构成。②随坡度的变化。从0°开始,径流随坡度增大而增加,冲刷强度也在加大。当坡度达某一值时,径流量和侵蚀量达到最大值(该坡度即侵蚀转折坡度),之后随着坡度的增加冲刷强度反而减小。

面蚀为水力侵蚀的初级阶段,通常采用的修筑梯田、修筑等高沟埂、营造防护林和改良土壤等都是防治面蚀的主要措施。

三、沟蚀

随着地表径流的汇集,细沟状面蚀进一步发展,形成了有固定流路的水流,称为集中的地表径流或股流。集中的地表径流冲刷地表,切入地面带走土壤、母质及破碎的基岩,形成沟壑的过程即沟蚀。由沟蚀形成的沟壑称为侵蚀沟。

侵蚀沟通常由沟头、沟沿、沟坡、沟底、沟口和冲积扇等几个部位组成。沟头为侵蚀沟的最顶端，大多数水流经沟头跌水进入沟道，该部位是侵蚀沟发展最为活跃的地段，因为沟头前进的方向与径流方向相反，因此将沟头不断向前延伸的侵蚀称为溯源侵蚀；沟口是集中地表径流流出侵蚀沟的出口，是径流汇入水文网的连接处，也是理论上侵蚀沟最早形成的地方，沟口处的沟底与河流的交汇处即为侵蚀基准面。

由于沟蚀过程的反复进行，沟壑的形状不断发生变化，在沟壑形成的初期，沟壑的深度约1 m，宽与深之比接近1:1，这时的侵蚀沟称为浅沟；浅沟进一步发展形成切沟，切沟的深度5～50 m，沟道的横断面仍为"V"字形；随着侵蚀的不断进行，沟道的横断面由"V"字形发展为"U"字形，这时的沟壑称为冲沟；沟蚀继续发展至沟头接近分水岭，沟口与河道相接，沟底下切的深度已达到河流的河床高度，比降明显减小，有时沟道一侧形成水道并可能有常流水现象的沟道称为河沟。此时沟道的横断面呈"U"字形或复"U"字形，说明沟蚀已达老年阶段。

四、山洪

山洪是山区暴雨径流所形成的洪水及其对固体物质的携带、移动和堆积过程的总称。山洪的主要特点是：

（1）具有巨大的冲力。破坏坝库、河堤及交通线路等并伤及人畜，故有"洪水如猛兽"的比喻。

（2）固体堆积物破坏严重。在沟口开阔地段，山洪将携带的大量固体物质堆积下来，造成沟床或河床抬高，形成地上河以及沟口堆积锥，埋压农田，冲毁村镇等。

（3）加剧干旱的发生。山洪形成的大量洪水一泻而空，增加干旱的威胁，而洪水涌入平原时经常形成洪涝灾害。

五、库岸波浪冲淘侵蚀

受风力影响，水库库面形成的浪波对岸坡产生冲刷、淘蚀作用，使岸坡土体涮洗、坍塌逐渐后退，导致库岸被吞蚀。这种侵蚀也是水库泥沙淤积量增加的原因之一。

六、影响水力侵蚀的因素

影响水力侵蚀的因素主要包括气候、水文、地质、土壤、地貌、植被和人为活动等因素。

（一）气候因素

1. 雨强

在气候因素中，雨强是引起水土流失最突出的气象因子。大量研究证明，雨强和侵蚀的关系十分密切，水土流失量随着雨强的增加而增加。其主要原因为：

（1）单位时间内消耗在土壤渗透、植物吸收和蒸发的水量是个常数，当雨强增加时，产生的径流量增多，产生的水土流失量也会增加。

（2）雨强增大，大雨滴多，动能也大，击溅侵蚀力增强。因此，雨强大的短历时暴雨往往会造成巨量的水土流失。

我国各地年降水量分配极不均匀,尤其是深居内陆的黄土高原地区受季风的影响,每年冬夏季风周期性的进退和交替变化,使得雨季、旱季十分明显,雨季降雨量集中且多为暴雨。其降雨量占年降水量的 60% ~ 70%,历史上曾有日降雨量 700 ~ 800 mm 的记录。在一年中通常几场暴雨则可决定年侵蚀量的多少。

2. 降雨量与雨型

降雨量多的地区,发生水土流失的潜在危险大。从雨型的特点看,短阵型降雨受地形和气候的影响,来势凶猛,降雨强度大,历时短暂,而降雨范围小;普通型降雨是受季风影响而形成的,为大面积的一般性的降雨,雨强小,历时长。显然,前者比后者引起的侵蚀严重。

3. 前期降雨

充分的前期降雨是遇到暴雨时造成严重水土流失的重要因素之一。西北黄土高原区的降雨多集中在 7 ~ 9 月,且有相当多的短阵型降雨,经常出现 50 ~ 60 mm 的降雨。在年降雨中,30% 以上的降雨属于暴雨。由于降雨集中,前期降雨多则土壤湿度大,为大暴雨的剧烈侵蚀奠定了一定的基础,导致许多区域该期发生的水土流失量占到全年的 50% 以上。

另外,北方高寒多雪地区受地形和风力的作用,往往在洼地和背风坡地积雪较厚。在融雪过程中,当气温升高地表层已融解而底层仍在冻结时,融雪水不能下渗,大量的地表径流也会造成严重的冲刷侵蚀。

（二）地质、土壤

地质因素中岩性与地面组成物质的不同,其抗蚀力不同,因而影响侵蚀的程度也不相同。新构造运动的上升区,往往是侵蚀的严重区。据观测,六盘山近百年内上升的速度为 5 ~ 15 mm/a,引起这个地区的侵蚀复活,使冲沟和斜坡上的一些古老侵蚀沟再度活跃。

在一定的地形和降雨条件下,地表径流的大小以及土壤侵蚀的程度和强度则取决于土壤的性质。如土壤的透水性、抗蚀性和抗冲性等。

在其他因素相同的条件下,径流对土壤的破坏作用除流速外,主要是径流量的大小。而径流量则完全取决于土壤的透水性。因此,通过增强土壤的透水性,如改良土壤质地、改善土壤结构、提高土壤的空隙率和减弱土壤湿度等措施,可以增强土壤的抗蚀性和抗冲性。土壤的抗蚀性是土壤抵抗雨滴打击分散和抵抗径流悬浮的能力;土壤的抗冲性是指土壤抵抗地表径流对土壤的机械破坏和推动下移的能力。土壤结构越差,遇水崩解越快,抗冲性越弱,越易产生土壤侵蚀。

（三）地貌

地貌中的坡度、坡长、坡型、坡向、侵蚀基准面和沟壑密度等与土壤侵蚀的关系尤为密切。

（四）植被

植被特别是森林植被,在防治水土流失、保护与改善生态环境方面具有十分重要的作用。现代人类对森林的需求大体可归纳为八大方面:①木材产品和林副产品;②经济林产品;③生态保护;④能源;⑤旅游、文化;⑥生物多样性资源库;⑦最大的生物量生产基地;⑧主要的碳贮库。可以看出,最重要的需求是森林植被的生态服务功能。在此就森林植被在防治水土流失方面的主要作用概括如下。

1. 拦截降雨,改变降水的性质

植被地上部分的茎、叶、枝、干不仅呈多层遮蔽地面,而且具有一定的弹性开张角度,既能拦截降雨,削弱雨滴的击溅侵蚀力,同时又改变了降水的性质,减小了林下的降雨量和降雨强度,减轻了林地土壤的侵蚀。植被覆盖度越大,层次结构愈复杂,拦截的效果越明显,尤其以茂密的森林最为显著。据观测,降雨量(一次降雨量 10 ~ 20 mm 时)的15% ~40%首先为树冠所截留,之后又蒸发回大气中,其余的降水到达林地被林内枯枝落叶所吸收,林内降雨的蒸发量为5% ~10%,大部分降雨(50% ~80%)渗透到土壤中变成地下径流,仅有约10%的降雨形成地表径流。

2. 调节地表径流

林木每年凋落的茎、叶、花、果实、树皮等形成的枯枝落叶层,像一层海绵覆盖在地表,直接承受树冠和树干流下的雨水,保护地表土壤免遭雨滴的击溅和径流侵蚀,维持了土壤的结构性。枯枝落叶层结构疏松,吸水力强。1 kg 的枯枝落叶可吸收 2 ~ 5 kg 的水,在一定程度上减少了地表径流的形成。枯枝落叶更为主要的作用在于分散、过滤和滞缓地表径流。由于枯枝落叶物纵横交错,使得径流在汇集过程中多次改变流向而曲折前进,分散了地表径流并减缓了流速。据测定,在 10° 的坡地上,15 年生左右的阔叶林,枯枝落叶层中的水流流速仅为裸地的 1/40,可使森林上方携带的固体物质或林内进入径流的土沙石砾大量沉积下来,起到明显的过滤地表径流的作用。如子午岭林区在稠密的灌丛基部常堆积厚约 30 cm 的泥土层。据报道,径流携带的固体物质可在林内、林带的上方及林带下方 2 倍树高的范围内沉积。

枯枝落叶层越厚,分解得越好、越松软,调节地表径流的作用越突出。而且混交林优于纯林,因此乔灌草相结合的水土保持林是控制水土流失的一项根本性的措施。

3. 改良土壤性状

枯枝落叶分解后使林地土壤的腐殖质含量大大增加,既改善了土壤结构,又增强了土壤的渗透性,使土体的抗蚀力大大增强。林地土壤具有强大的透水性,其原因主要为:①林冠截留减弱了雨滴的击溅力;②枯枝落叶层保护土壤的作用;③根系的腐烂更新,形成了更多的大空隙;④土壤中有益动物的洞穴、孔道,增加了土壤的透水性。正由于如此,森林土壤疏松多孔,尤其是非毛管空隙的数量多,持续时间又长,这一特性也是森林具有涵养水源作用的根本原因。

森林土壤贮存水分的形式主要为:滞留贮存(非毛管空隙即大空隙贮存的水分:水分在大空隙中贮存并靠重力作用向土层深处运动)和吸持贮存(即毛管空隙贮存的水分:水分未达饱和状态时,靠毛管吸力所贮存的水分,植物生活所需要的水分几乎全部来自毛管水)。滞留贮存使水分有足够的时间向土层深处进行渗透。当土壤含水量达到田间持水量时,滞留贮存是唯一的能够贮存水分的形式,当其容积足以容下暴雨量时,地表径流则不会形成,而是逐渐形成地下水或以较稳定的流量形成常流水,再源源不断地进入江河。滞留贮存帮助水分渗入土壤和减少地表径流的作用是森林独有的重要机能之一。因此,林区及其附近河川流量在一年四季内基本是稳定的。森林的这种减少地表径流,促进水流进入河川或水库,在枯水期仍能维持一定的水量进入河川或水库的作用,即森林的涵养水源作用。森林土壤的非毛管空隙率越高,贮水量越大,涵养水源的作用愈强。

正因为如此,森林被形象地称为"生物水库"或"无形水库"。森林作为降雨和径流之间的调节者,不仅具有改变降雨方式和径流形式,增加土壤蓄水量和地下径流量的作用,而且起到了保水、保土、过滤杂质、提高水质和保护水资源的多重作用。它以"整存零取"的方式自然调节枯洪流量,大大减免了洪涝灾害。据中科院观测,林区河流中地下径流量的比例可以达到年径流量的85%,而无林区仅为30%~40%。

4.固持土体作用

森林植被的根系具有一定的固土作用,因此有"地下钢筋"之称。乔灌木树种构成的混交林依靠其深长的垂直根系、水平根系和斜根系,以相当大的幅度和深度固持着土体,使表土、底土、母质和基岩连成一体,增强了土体的抗蚀能力,减轻了重力灾害的发生。

5.减低风速,防止风蚀与风害

植被有效地削弱了地表风力,保护土壤,减轻风力侵蚀的危害。据研究,农田防护林的有效防护范围为树高的20~25倍,在此范围风速可降低20%~30%,大大减少了水分的无效蒸发,利于抗旱保墒,也相应地改善了农田的小气候环境条件,促进了作物的良好生长。如一般谷类作物增产20%~30%,瓜类和蔬菜增产50%~70%。

此外,植被还具有调节气候、净化空气和保护环境的重要作用。

(五)人为因素

随着人类活动对自然生态环境影响的不断加深,前述影响土壤侵蚀的自然因素在人为因素的作用下,可以向着不同的方向发展,既有加剧土壤侵蚀的一面,也有防治土壤侵蚀的一面。因此,人为因素是加剧水土流失发生发展和预防与治理水土流失的主导因素。我们必须尽可能地减免人为因素的消极作用,发挥其积极作用。

第二节　重力侵蚀

重力侵蚀是水土流失的又一种表现形式。所谓重力侵蚀,其实是在其他营力特别是在下渗水分、地下潜水或地下径流的作用下,以重力为其直接原因所造成的地面物质的移动形式。重力侵蚀多发生在大于25°的山地和丘陵坡地、沟坡、河谷的陡岸、人工开挖形成的陡坡地、修建渠道和道路形成的陡坡等地段。在自然界中,土体、岩石组成的斜坡之所以处于稳定状态,主要依靠颗粒间的凝聚力、内摩擦阻力和植物的固土作用来维持,一旦受到外力的作用破坏了原有的平衡,便会发生重力侵蚀。重力侵蚀的发生同时又为山洪和泥石流的形成提供了大量的固体物质,从而加剧了水土流失的危害。重力侵蚀的形式主要有泻溜、崩塌、陷穴、滑坡四种。

一、泻溜

泻溜又叫撒落。疏松的表土,在陡峭的山坡或沟坡上,由于冷热干湿交替变化,促进了表层物质的严重风化,造成土体、岩体表面松散和内聚力降低,形成了与下层母体接触不稳定的碎屑物质,这些碎屑物质在重力作用下时断时续地向坡下撒落,这种侵蚀即泻溜。春季北方地区泻溜侵蚀最为强烈,特别是黄土地区的黏重红土坡面,泻溜侵蚀尤为严重。在土石山区和石质山区岩石易风化的坡地,泻溜也是主要的产沙形式。

二、崩塌

在陡峭的斜坡上,整个山体或一部分岩体、块石、土体及岩石碎屑突然向坡下崩落的现象称为崩塌。

山崩、雪崩、塌岸及坠石均为崩塌的表现形式。如塌岸,常常破坏、蚕食良田和毁坏村镇。2006年长江流域300多户居民搬迁就是塌岸所致。特别是在洪水期,因水流的严重冲淘,致使河岸不时坍塌,往往几小时内可将大面积良田塌落吞食,使土地资源遭到彻底的破坏。

三、陷穴

在黄土地区,地表层发生近于圆柱形土体垂直向下塌落的现象称为陷穴。陷穴是黄土地区特有的一种侵蚀形式,黄土地区的梁峁坡地、沟坡地、塬面、沟头和小冲沟的底部常会发生陷穴侵蚀。由于黄土的垂直节理发育,其中含有大量的碳酸盐等可溶性物质,这些可溶性物质随雨水沿着垂直节理缝隙不断向土层深处渗透,甚至达到不透水层,久而久之使土层内部出现了许多微小空隙,严重时形成空洞或管状沟,当地表的土体失去顶托时突然陷落,呈垂直洞穴。在地表往往呈竖井状、漏斗状、下部连通的串珠状等形状。陷穴破坏耕地,跌伤人畜,也为径流的进一步集中汇集和侵蚀沟的发展创造了条件。

四、滑坡

雨水渗透到土层深处,若有不透水层或岩石存在,其交界面上便会有水分聚积,由于水分减少了土体的内摩擦阻力,在重力作用下土体沿不透水层下滑,即形成滑坡。滑坡的主要特点为:①具有明显的滑动面,即弱透水或不透水的结构面;②原地面土层仍可保持原来的相对位置,如"醉林"。铁路、公路等部门在近10多年做了大量的预测预报滑坡发生的研究工作。

滑坡危害性相当大,一旦发生常常埋没村庄,毁坏工厂、矿山,中断交通,堵塞江河,破坏良田和森林等。目前,世界上最大的一次滑坡是意大利瓦依昂特水库左岸石灰岩山坡的滑动,其滑坡体达3亿 m^3。据记载,陇海铁路宝鸡附近发生的一次滑坡,由于倾盆大雨的影响,使滑动速度由慢到快,滑坡时间长达半小时之久,滑坡体的体积达2 000万 m^3。滑坡又称"地移"、"垮山"和"泄山",一旦发生其危害程度甚为严重。

重力侵蚀的影响因素主要为气候因素、地质因素、地貌因素(如大于45°的斜坡容易发生崩塌;45°~70°的坡面泻溜侵蚀最为严重)、植被因素和人为因素。

第三节 风力侵蚀

风是土壤侵蚀的又一重要营力,当空气水平运动时形成风。风作用于物体时即形成风力。风力对地表土壤及其母质进行破坏、搬运和聚集的过程叫做风力侵蚀,简称风蚀。

风蚀的特点是:①面积广。发生在广大的土地面积上,不论平原、高原、丘陵、山地均可发生(山西省西北部的左云、右玉、平鲁、神池、五寨、苛岚等县为该省典型的风力侵蚀为主的区域)。②时间长。风力侵蚀没有明显的周期性,常年均可进行。③机械组成复杂。风速变化多端,因而风蚀有强烈的变动性,被吹蚀的土粒大小不均,因此机械组成复杂。④风蚀量大。风蚀搬运的是细土粒,但由于风力作用的时间长、范围广,总侵蚀量比水蚀大得多。因此,风蚀是造成土地生产力下降和土地荒漠化的主要因素。据全国第三次荒漠化和土地沙化监测结果:全国荒漠化土地总面积为 263.62 万 km^2,占国土总面积的 27.46%;全国沙化土地面积为 173.97 万 km^2,占国土总面积的 18.12%;具有明显沙化趋势的面积 31.86 万 km^2,占国土总面积的 3.32%。

风力侵蚀主要发生在比较干旱、缺乏植被的条件下,当风速大于 4~5 m/s 时即发生土壤侵蚀。如果表土干燥、疏松,土粒过细时,也能形成风蚀,尤其是干旱的风沙区及沙漠地区若遇特大的风速,1 mm 以上的较大沙粒也可被吹蚀,形成所谓的"飞沙走石"现象。

一、沙粒移动形式

(一)浮游

当风速达 4~5 m/s 时,表层干燥细小的沙粒被吹蚀脱离地表后,由于上层的风速大,而沙粒的自身重量很轻,这样在较长的时间内悬浮于空气中,并以与风速相同的速度运动搬运到远方。悬移运动的沙粒称为悬移质。悬移质的粒径一般为小于 0.1 mm 甚至小于 0.05 mm 的粉沙和黏土颗粒。由于体积小,重量轻,加之在搬运过程中涡流的形成使沙粒被浮托上升到高空进行远距离的搬运,只有经过长时间的风静以后或遇到降雨时悬移质才能到达地面,此时已远远离开原地。通常所提的"降尘"现象就是悬移质的降落。悬移的固体物质量约占风蚀总量的 5% 以下。

(二)跃动

当风速继续加大时,滚动前进加速,沙粒的运动能量增加,可以腾空到离地面一定的高度,一般 30 cm 以下,之后以抛物线的路径斜向落回地面冲击地面沙粒,促使更多的沙粒发生移动。粒径 0.1~0.15 mm 的沙粒最易以跃移方式移动。若空气层中混有大量跃动颗粒的气流即称为风沙流。这表明风蚀已非常严重(如沙尘暴的形成)。

(三)蠕移

沙粒在地表滑动或滚动称为蠕移,呈蠕移运动的沙粒其粒径为 0.5~2.0 mm 的粗沙。蠕移运动的沙粒称为蠕移质,蠕移质的量可以占到风蚀物总量的 20%~25%。当风速大于起沙风速时,地表较大的沙粒开始随风移动,除少数沿地面滑动外,大部分沙粒受地表摩擦力的影响而滚动。

二、流沙的堆积

气流中所携带的土沙颗粒随风速的减小或遇到地面障碍物(如植物或地表微小起伏)后逐渐堆积,最先停止运动的为滚动的沙粒,其次是跃动的沙粒,最后才是悬移的沙粒,这种现象称为沙粒的分选作用。在主要风向的影响下,分选作用反复进行,便形成大量沙粒堆积形成较均匀的沙丘;若地表具有障碍物,使风沙流中大量的沙粒在障碍物附近堆积下来,形成沙堆。

各种类型的沙丘都不是静止和固定不变的,沙丘的移动是通过沙粒在迎风坡风蚀、背风坡堆积而实现的。常见的沙丘类型有舌状沙丘、新月形沙丘、脉状沙丘等,还有马蹄形、格状、蜂窝状和金字塔形等形状。长期的风蚀作用,促进了沙漠化的发展,致使大量的良田被破坏,不少的名城变成了废墟。据史料记载,公元 413 年大夏王朝曾在陕北靖边城建都,当时"临广泽而带清流",后因战争破坏,滥垦滥伐,环境逐渐恶化。到公元 822 年,这一带"飞沙为堆,高及城堞"。到了明代,长城两侧已是"四望荒沙,不产五谷",流沙已向南移了 50 km,吞没农田、牧场 14 万 km^2,其余的农田也在沙丘包围之中。

三、风蚀与沙漠化

沙漠按组成物质的不同可分为以下两类:地面覆盖大量松散沙粒的沙质荒漠,即沙漠;地面覆盖大量砾石的砾质荒漠,即戈壁(滩)。沙漠地区主要处于年降水量 250 mm 以下的广大干旱荒漠地带,具有干旱荒漠气候地带性的特点。

我国面积最大的沙漠为新疆塔里木盆地的塔克拉玛干沙漠(南疆),约 32.2 万 km^2,其次为内蒙古西部的巴旦吉林沙漠、陕北的毛乌素沙漠及东北西部的可尔沁沙漠,即我国的四大沙漠。

(一)沙漠化

在干旱、半干旱和部分半湿润地区,由于自然因素和人为因素的影响,破坏了自然生态的脆弱平衡,使原来非沙漠地区出现了以风沙活动为主要标志的类似沙漠景观的变化过程,以及在沙漠地区发生了沙漠环境条件的强化和扩张过程。简言之,沙漠化即沙漠的形成和扩张过程。

我国是沙漠化危害严重的国家之一,受沙漠和沙漠化影响的区域主要分布在"三北"地区(西北五省(区):新疆、青海、宁夏、甘肃、陕西;华北:内蒙古、山西、河北;东北主要为西部),形成了长达万里的风沙危害线。"三北"防护林体系建设的主要目的之一,即锁住风沙,防止沙漠化的推进。

沙漠化的主要原因可概括为两大方面:①人为活动。如过度放牧、砍伐、垦殖及过度利用地下水,导致大面积的森林、草原退化、消失。如内蒙古阿拉善旗(内蒙古西部,紧靠腾格里沙漠)绿洲的萎缩,是由于黑河流域的水资源过度利用而造成地下水位下降。②气候条件。气候干旱,风大风多,风沙危害频繁,使得沙漠化的速度加快和沙漠化的面积扩大。我国沙漠化面积扩大的速度:20 世纪 50 ~ 70 年代约为 1 560 km^2/a;80 年代约为 2 100 km^2/a;90 年代中期约为 2 640 km^2/a;90 年代末约为 3 640 km^2/a。沙漠化扩展的主要表现形式为就地起沙和风沙流外侵。

由于风沙危害,造成我国每年直接经济损失达 45 亿元,间接经济损失为直接经济损失的 3 ~ 10 倍。

(二)沙漠化土地

受沙漠化的影响而降低和丧失生产能力的土地,即沙漠化土地。

沙漠化造成土地退化的主要表现特征有以下几个方面:

(1)土壤流失。由于风蚀对地表土壤颗粒的搬运,使土壤严重流失;大量的土壤颗粒被吹蚀,土壤质地变差,生产力降低,土地退化。同时,吹蚀的堆积物又造成农田、村庄被埋压,甚至堆积形成流动沙丘或造成河道淤塞。如呼伦贝尔磋岗牧场,20世纪50年代初期开垦的233 hm² 的耕地中,到80年代形成的流动和半流动沙丘面积占复垦区面积的39.4%;从宁夏中卫到山西河曲段,由于风蚀直接进入黄河干流的沙量达5 321万 t/a。

(2)土壤质地变粗,养分流失。土壤中的黏粒胶体和有机质是养分的载体,风蚀导致土壤中细粒物质流失,粗粒物质相对增多,使土壤养分含量显著降低。

(3)生产力降低。土壤生产力是土壤提供作物生长所需的潜在能力。风蚀使土壤养分流失、结构粗化、持水能力降低、耕作层减薄,以及不适宜耕作或难以耕作、底土层的出露等,降低了土地的生产力。

(4)磨蚀。风力推动沙粒在地面的磨蚀,不仅使土壤表层的薄层结构被破坏,造成下层土壤裸露,使抗蚀力强的土块和团聚体变得可蚀了。同时,磨蚀作用也对植物产生"沙割"危害,影响植物的成活、生长和产量。

(三)沙尘暴

沙尘暴是全球干旱、半干旱地区特殊下垫面条件下产生的一种灾害性天气。我国的沙尘暴主要发生在西北干旱、半干旱区,属于中亚沙尘暴多发区的一部分,也是世界上唯一的中纬度地区发生沙尘暴最多的区域。沙尘暴导致了一系列的环境问题,如污染空气、危害农业、牧业、交通运输、通信、人类健康和动植物生存等,并对气候变化、沙漠化的形成和发展等有着重大影响。

沙尘暴是大风扬起地面沙尘,使空气变得浑浊,水平能见度小于1 000 m 的恶劣天气现象。在气象学中规定,凡水平能见度小于1 000 m 的风沙现象,称为沙尘暴。沙尘暴强度划分标准见表2-1。

表2-1　沙尘暴强度划分标准

强度	瞬间极大风速	级别或最小能见度
特强	≥10级,≥25 m/s	0级,50 m
强	≥8级,≥20 m/s	1级,200 m
中	6～8级,≥17 m/s	2级,200～500 m
弱	4～6级,≥10 m/s	3级,500～1 000 m

沙尘暴形成的原因,一是大风,二是地面有大量裸露的沙尘物,三是不稳定的空气。其中强风是起动沙尘的动力,丰富的沙尘源是形成沙尘暴的物质基础,不稳定的空气是局地热力条件所致,该条件使沙尘卷扬得更高。因此,沙尘暴是特定气象和地理条件相结合的产物。

黑风暴是大风天气中的一种特强沙尘暴天气,发生时天色灰暗,甚至伸手不见五指,据此形象地称为"黄风"或"黑风"。

风蚀的影响因素除与风力有关外,还与土壤抗蚀性、地形、降水、地表状况等因素有关。

第四节　混合侵蚀

混合侵蚀是指在水流冲力和重力共同作用下产生的一种特殊侵蚀类型。其典型的表现形式为泥石流。

一、泥石流的特点

泥石流是固体物质达到超饱和状态的急流。泥石流的主要特点如下：

(1)泥石流固体物质含量高，流速急，具有大冲大淤的特点。泥石流中固体物质的含量均超过25%，有时高达80%。容重大于1.3 t/m³，最高可达2.3 t/m³。

(2)暴发突然，来势凶猛。其搬运能力比水流大数十倍到数百倍，是山区的一种特殊侵蚀现象。

(3)历时短暂，具有强大的破坏力。泥石流发生时，像一条褐色的巨龙，奔腾咆哮，巨石翻滚，激浪飞溅，石块撞击声雷鸣般地响彻山谷，以巨大的破坏力倾泻而下，摧毁前进途中的一切建筑物，埋没农田、森林，堵塞河道、沟道，冲毁路基、桥涵、城镇和村庄。因此，泥石流是水土流失发展到最严重阶段的表现形式。

1967年6月26日，山西省五台山台怀镇一带突然降起大暴雨，泥石流携带大量的泥沙石块从西沟中汹涌而出，并冲入原台怀镇，冲毁20多户民舍，造成死亡10余人的惨剧。这次暴发的泥石流，泥沙石块等固体物质堆积厚度平均达到3~4 m，迫使台怀镇搬至现在的新址。

二、泥石流的类型

泥石流按其形成的原因可分为冰川型泥石流和暴雨型泥石流；按泥石流中所含固体物质量的多少可分为稀性泥石流(容重1.3~1.8 t/m³)、过渡型泥石流(容重1.8~2.0 t/m³)和黏性泥石流(容重2.0~2.3 t/m³)；按固体物质的组成可将泥石流分为石洪、泥流和泥石流。

(一)石洪

石洪是土石山区暴雨后形成的含有大量土砂石砾等松散固体物质的超饱和状态的急流。石洪是水和土砂石块组成的一个整体流动体。因此，石洪在沉积时是以大小石砾间杂混合沉积。

(二)泥流

泥流是发育在黄土地区以细粒泥沙为主要组成物质的泥石流。泥流所具有的动能远大于山洪，流体表面显著凹凸不平，已失去一般流体特点，在其表面常可浮托、顶运一些大块土体。在泥流发育的沟道或堆积区，常常大量堆积着大大小小的泥球、碎屑球。

(三)泥石流

泥石流是指由浆体和石块组成的特殊流体。固体物质的成分从粒径小于0.005 mm的黏土粉粒到直径几十米的大漂砾。这是我国山区常见的一种破坏力极大的自然灾害。

三、泥石流的形成条件

（一）充足的固体碎屑物质

土石山区主要是由于地质构造、岩性、地震、新构造运动和不良的物理地质现象等所造成的；黄土地区，在泥岩、页岩和粉砂岩分布区，常被开垦、风化而形成大量的固体物质。人类不合理的经济建设活动，如毁林开荒、陡坡垦种、各类工程建设中被扰动的疏松土体，以及开矿堆放大量的废渣等，都会使泥石流发生时的固体物质增加。如四川冕宁县泸沽盐井沟，因大量弃渣堆放，激发了泥石流年年发生，已造成百余人死亡的惨剧，并且严重威胁着成昆铁路的安全，虽投巨资进行治理，但仍难以彻底控制泥石流的发生。

（二）充足的水源

充足的水源是泥石流形成的必要条件。如暴雨、冰雪融化、湖库溃决等都是泥石流形成的必要条件。尤其是高强度短历时暴雨，如雨强 30 mm/h 以上和 10 min 雨强在 10 mm 以上的短历时暴雨。我国气象部门规定，一日降雨量大于 50 mm 为暴雨，100~200 mm 为大暴雨，大于 200 mm 为特大暴雨。连阴雨及高强度暴雨是黄土高原形成泥石流的重要因素之一。

（三）地形条件

典型的泥石流沟道从上游到下游可划分为三大区域：侵蚀区、过渡区和堆积区。

（1）侵蚀区多为漏斗或勺状地形，易在短期内集中大量的径流。加之暴雨的区域性特点，集水区为 0.5~10 km^2 的流域常是泥石流的多发区。据研究，泥石流沟床比降多在 5%~30%，尤其是 10%~30% 时最易发生泥石流；10°以上的沟坡即可发生泥石流，尤以 30°~70° 为甚。

（2）过渡区的地形多陡直并有跌水存在，此类地形不断补充泥石流运动过程中的能量和物质，促使了泥石流的形成。

（3）堆积区为泥石流固体碎屑物的沉积区，地形通常平缓开阔，泥石流发生过程中大小不同的各类固体物质在该区突然大量堆积。

泥石流的形成与地质构造、岩性、地震、新构造运动以及人类活动等都有着密切的联系。

思考题

2-1　按侵蚀外营力的不同可将水土流失形式分为哪几类？其中水力侵蚀中溅蚀、面蚀和沟蚀各有什么特点？

2-2　影响水力侵蚀的因素主要包括哪些内容？

2-3　现代人类对森林的需求体现在哪些方面？

2-4　简述森林植被在防治水土流失方面的主要作用。

2-5　试说明森林为什么具有涵养水源的作用。

2-6　简述风蚀的特点，并说明何为沙漠化和沙漠化土地。

2-7　简述泥石流的特点，说明泥石流形成的条件。

第三章　水土保持措施

《中国水利百科全书·水土保持分册》中水土保持措施的含义为:水土保持措施是指在水土流失区,为防治水土流失,保护、改良和合理利用水土资源而采用的农业技术措施、林草措施、工程措施的总称。

第一节　水土保持农业技术措施

在水蚀和风蚀的农田中,采用改变小地形、增加植物被覆、地面覆盖和增强土壤抗蚀力等方法,达到保水、保土、保肥、改良土壤、提高产量的农业技术方法,即为水土保持农业技术措施,又称水土保持农业耕作措施。

一、改变小地形为主的耕作措施

(一)等高耕作

等高耕作是在坡地上沿等高线进行耕作的水土保持农业技术。等高耕作通常与沟垄耕作、间作套种、草田轮作等其他农业技术相结合,以发挥更大的保持水土、抗旱增产作用。

(二)沟垄耕作

沟垄耕作是在坡地上沿等高线或在风蚀地垂直于主风向开沟起垄,以达到蓄水、防风和保土目的的一种耕作方法。其形式有以下几种:

(1)水平沟耕作。又称水平沟种植、套犁沟播。具体做法是:在犁过的壕沟内再套耕一犁,以加深加宽垄沟,然后将种子点在沟内并进行施肥,结合碎土镇压覆盖种子。中耕培土时仍保持垄沟完整。

(2)平播培垄。在秋季深翻蓄墒,春季按沟垄耕作的标准等高平播,减少蒸发;夏季雨多,结合中耕开沟培垄,以沟垄蓄水保土。平播培垄适用于春旱严重地区。

(3)中耕换垄。在秋翻基础上,春季开沟起垄,种子播在犁沟内,夏季中耕时把垄开成沟,把沟培成垄。这种方法适宜高秆作物生长。

(4)平地垄作。在台塬、梯田、坝地等旱平地上采用沟垄耕作,进一步提高蓄水保墒作用。

(三)垄作区田

垄作区田是把坡耕地做成若干带状低畦格田或方形深穴的小区,进行水土保持和抗旱种植的耕作方法。具体做法是:在坡地下部沿等高线开犁,向下翻土;将肥料和种子均匀地播在垄的上半坡上,然后回犁盖土,覆盖种子;随后空一犁,再翻一犁。继续按上述方法进行,空犁之处形成垄,犁过之处形成沟。最后在各条沟中,每隔 1~2 m 修筑低于垄的小土挡,形成垄作区田(见图 3-1)。

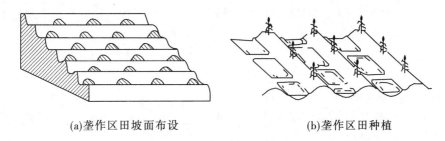

|(a)垄作区田坡面布设|(b)垄作区田种植|

图 3-1　垄作区田示意图

（四）水平防冲沟

水平防冲沟也称等高防冲沟。在田面按水平方向,每隔一定距离用犁横开一条沟,在开沟时每走若干距离将犁抬起,空很短的距离后再犁,这样在沟中留下许多土垱,可以起到分段拦蓄径流的作用。注意上下犁沟间所留土垱应错开。上下行犁沟的间距和犁沟的深浅,20°的坡地间间距约 2 m,沟深 35 ~ 40 cm。此法也可用在休闲地上。

（五）抗旱丰产沟

抗旱丰产沟又称蓄水聚肥改土耕作法。是山西省水土保持科学研究所经过多年的试验研究,在吸取坑田、沟垄种植等耕作技术的基础上,创造的一种科学耕作方法。具体操作方法可分为人工耕作、人畜配合耕作和机耕三种。修筑时从地边开始或由下而上修筑,沿等高线把距离田埂里侧约 50 cm 的表土上翻,取 20 ~ 25 cm 生土加高边埂,排光压实,使其成为永久埂;在生土沟内再深翻 20 cm,然后将上翻的表土及上方约 80 cm 宽、15 cm 深混有磷酸钙与农家肥的表土填入沟内,使沟内肥土增加 1 倍,完成第一种植沟;再在靠第一种植沟上方已铲去表土的生土带内,上部 1/2 带宽挖沟取土,下部 1/2 带宽培生土埂,使生土埂高于原地面约 20 cm,并深翻沟内底土,然后将其上坡宽约 80 cm 的表土填于沟内,形成第二条种植沟。依次类推。

抗旱丰产沟有效地控制了水土流失,蓄水聚肥保土,将表土、肥料和水分集中使用,提高了抗旱能力和水肥利用率。据山西省水土保持科学研究所在中阳县胡家岭村的试验资料,21°坡耕地,抗旱丰产沟耕作比常规耕地可减少径流 88% ~ 92%,减少冲刷 95% ~ 99%。据各地资料,在梯田上增产 30% ~ 80%,坡耕地上可增产 50% ~ 120%。若配合地膜覆盖,增产效果更为显著。

二、增加植物被覆为主的耕作措施

（一）间作与套种

间作是在同一田块于同一生长期内,分行或分带相间种植两种或两种以上的作物的种植方法。农作物与多年生木本植物相间种植,也为间作或称农林复合,农林复合经营如华北地区的农桐、枣农、果农和条(如编织柳、紫穗槐)农间作等,江淮地区的茶农、桑农间作以及经济林与农作物结合等,其生态效益和经济效益更加显著。

套种是在前季作物生长的后期在其株行间播种或移栽后季作物的种植方式。如在小麦生长的后期每隔 3 ~ 4 行播种一行玉米。

（二）等高带状间作

沿着等高线将坡地划分成若干条带,在各条带上交互和轮换种植密生作物与疏生作物或牧草与农作物的一种坡地保水保土的种植方法。等高带状间作更有利于改良土壤结构、蓄水保土和提高土壤肥力。

此外，还有草田轮作、混种等增加植被覆盖的措施等，这些措施增加了植物覆盖度或被覆时间，具有防冲防风、保持水土的重要作用。

（三）增加地面覆盖物

如保留残茬，用秸秆、地膜或砂卵石等覆盖地面，增加降水入渗，防止土肥流失及土壤水分蒸发，并可增高地温，有利于植物的发育生长。

如宁夏中卫市环香山地区，群众将沟道中堆积和覆盖了大量颗粒状或片状的沙砾石运至坡耕地、荒地和山地斜坡上，在地表铺盖厚度约 15 cm 的沙砾石保护层，形成压砂地，使地表具有保墒、蓄水、保温、固沙和阻沙的作用。这一措施与当地昼夜温差大，日照时间长，太阳总辐射量为 60 亿 J/m^2（居全国第三位）的光热资源的优势相结合，使当地在压砂地上种植的砂西瓜成为一项具有地方特色的沙产业。至 2008 年压砂地种植砂西瓜的面积达 6.77 万 hm^2，使中卫市这一年均降水量不足 180 mm，居全国最干旱地方之一的千年旱塬成就了瓜类珍品——中卫香山硒砂瓜。当地群众誉为"石头缝里的粮食"。这种治沙保土农业技术措施获得了良好的经济效益、生态效益和社会效益。

三、增加土壤抗蚀力为主的耕作措施

（一）免耕法

免耕法是依靠生物的作用进行土壤耕作，用化学除草代替机械除草的一种保土耕作法。免耕的作业过程是：在秋季收获玉米的同时将玉米秸秆粉碎撒在地表覆盖，近冬或早春将硝酸铵、磷肥、钾肥均匀地撒在冻土地，播种时开沟播种玉米同时施入土壤杀虫剂与其他肥料，除草剂在播种后再喷洒。再在玉米收获之前撒播草种以覆盖地面，下一年春季用除草剂杀死返青的杂草，就地作为覆盖物。因此，残茬与秸秆覆盖是免耕法的两个作业环节。

免耕法防止了在耕作过程中对土壤的扰动，减沙效果明显。同时，利用秸秆覆盖也有效地保持了土壤中的水分，大大减少了灌溉用水量。

（二）深耕

深耕在夏、秋两季进行，深耕为 21～25 cm。其主要作用是增加水分的入渗量，增强土壤的蓄水保土能力，改善土壤的理化性质，减少水土流失。

四、新增水土保持农业技术

随着现代农业技术的不断发展，近年来在生产实践中创造出了一些适合现代农业发展的新的水土保持技术措施。

（一）抗旱保墒耕作技术

在半干旱、半湿润地区没有灌溉条件的农田中，采用蓄水保墒、合理用墒，充分利用天然降水的耕作措施。我国有 3/4 的农地是依靠天然降水的旱作农业用地，又称雨养农业用地。抗旱保墒耕作是旱地农业生产最基本的耕作技术。

（1）拦水保墒。采用沟垄、坑田、深翻、带状间作和水平防冲沟等耕作方法，就地拦蓄天然降水,增高地墒。这种方法既有效地利用了天然降水发展生产,又减免了地表径流的冲刷侵蚀作用。

(2)增肥蓄墒。半干旱、半湿润地区土壤比较瘠薄,有机质含量多在 0.8% 以下,土壤容易板结和跑墒,需要增施大量的肥料,改善土壤的性状。通过施用以有机肥和秸秆还田为主结合氮、磷、钾等化肥,提高土壤肥力和蓄水保墒能力。

(3)抗旱播种。半干旱、半湿润地区的雨季多在 6~9 月,春旱特别严重。利用夏秋雨水多的特点,重点在伏秋深翻,蓄积大量降水,然后耙糖保墒、镇压提墒、适时抢墒、深犁找墒或顶凌早播等。按墒情适当地选用抗旱播种方法。

(4)选用抗旱作物。将抗旱保墒耕作和选择适当的抗旱作物及其优良品种相结合,以更有效地提高有限地墒的利用率。如北方旱作地多选用糜谷、高粱、麦类、豆类、油料、薯类及玉米等作为抗旱增产作物。据专家分析,我国北方旱作地区农业增产的潜力很大。如山西壶关的旱地谷子产量达 6 000 kg/hm², 陕西渭北旱塬小麦产量为 3 000~6 000 kg/hm², 黄土高原区的一些坝地高粱、玉米产量达 7 500 kg/hm²。

(二)雨养农业

雨养农业也称集水农业或径流农业。它既包括单纯依靠天然降水为水源的农业,也包括人工汇集雨水,实行补偿灌溉的农业生产类型。雨养农业和灌溉农业的共同点都是灌溉,但雨养农业因为有一定的雨水量湿润农田,灌溉属于补偿农田水分不足的性质,灌溉水量较小,而且水源主要靠当地降雨形成的径流蓄积。因此,雨养农业是灌溉农业的基础,灌溉农业是对雨养农业的补充。随着干旱加剧和农业灌溉用水量在整个水资源的分配中比例的减少,雨养农业在未来农业中的地位将越来越重要。

(1)保水蓄水技术。这是雨养农业的基础,也是水土保持和综合治理的重点。无论是多雨地区还是干旱缺雨地区,水土流失都是造成农田干旱缺水的重要因素,保持水土是提高雨水有效利用的保证。其措施包括库、坝、塘、窖和梯田拦蓄雨水,也包括水土保持耕作技术和覆盖保墒技术。在风蚀地区通过营造农田防护林、防风固沙林和植树种草等减少水分的散失。

(2)高效用水技术。这是雨养农业的关键,中心是提高农作物的用水效率。包括应用节水抗旱植物种类、节水技术措施(滴灌、暗灌、管带灌、涌灌和喷灌等)和抗旱蓄水的耕作措施。据测定,在年降水量 300~500 mm 的地区,如能采用抗旱耕作,培肥土壤,则 1 m 深的土层可接纳雨水 200~300 mm。

(三)生态农业

我国于 20 世纪 80 年代初提出了生态农业的概念,并进行了深入的理论探索和广泛的生产实践。生态农业是根据生态学理论,充分利用自然条件,在某一特定区域建立起来的农业生产体系。我国的生态农业是以传统农业技术与现代先进的科学技术相结合,建立起的一种生态、经济、社会三种效益相统一的、高效率的农业生产体系。

生态农业要求农业发展同其资源、环境及相关产业协调发展,强调因地、因时制宜,以便合理布局农业生产中的各业生产,形成最佳生态环境,实现优质高产高效。生态农业能合理利用和增殖农业自然资源,重视提高太阳能的利用率和生物能的转换效率,使生物与环境之间得到最优化配置,并形成合理的农业生态经济结构,使生态与经济达到良性循环,增强抗御自然灾害的能力。

近年来,随着先进的农业科学技术在生产上的进一步推广,生态农业建设的进程不断加快,农作物"结伴生长"、生态大棚、立体种植、立体庭院经济等的发展初见成效。目前,我国已在 200 多个地区进行了生态农业的试点,如河北省的迁西县、江苏省的大丰县、山西省的闻喜县和河曲县、宁夏西吉县和北京市大兴县等,均依据当地的实际情况,在建设生态农业方面取得了一定的成就,生态农业的建设将成为我国农业生产发展的优势和强项。

第二节　水土保持生物措施

为保护、改良与合理利用水土资源,在水土流失地区采用的人工或飞播造林种草、封山育林育草等措施,统称水土保持植物措施。它是小流域综合治理措施的组成部分,与水土保持农业技术措施、水土保持工程措施组成一个有机的综合防护体系。

一、水土保持造林措施

水土保持造林措施包括水蚀、风蚀等地区经营的天然林、水土保持林、农田防护林、固沙造林和经济林等林种。

(一)水土保持林

水土保持林是在水土流失地区,以调节地表径流、防治土壤侵蚀、减少河流、水库泥沙淤积等为主要目的,并提供一定林副产品的天然林和人工林。

水土保持林属于防护林的一个林种。在生产实践中,根据水土保持林在流域不同地貌部位防护功能和生产性能的不同,将水土保持林划分为不同的林种,如水源涵养林、分水岭防护林、塬面防护林、坡面防蚀林、沟道防护林、梯田地坎造林和池塘水库防护林等,这些林种在流域内形成水土保持林体系。实际上水土保持林体系中还包括了流域内现有的天然林、人工乔灌木林、"四旁"植树和经济林等。因为它们不仅反映了各自的经济目的,而且均发挥着水土保持、涵养水源和改善生态环境的作用。

1.水土保持林的作用

水土保持林的林冠具有防止雨滴直接打击地表,削弱雨滴对土壤的击溅作用;林地枯落物的腐烂分解形成的疏松结构层和林地土壤理化性质的改善,大大提高了土壤的透水性能和蓄水能力。据测定,林地土壤的透水性比荒地高 35.6%,林地土壤含水量是荒地土壤含水量的 2.9 倍。因此,有森林覆盖的地面,雨水缓慢渗入土内变成地下水,减少了地表径流对土壤的冲刷侵蚀。

林木根系网络固持土壤,减轻了浅层滑坡的发生,在河岸和库岸的防护林通过枝叶的匍匐和地下根系的固土作用起到了防止浪波淘蚀和防止库岸坍塌的作用。据测定,41 年生山杏根系的固持力在 33.08 kN 以上;林木还具有改善小气候,提供一定的"四料"和油料、果品及其他林副产品,增加经济收益的作用。

2.水土保持林营造技术

(1)立地条件类型的划分。划分立地条件类型是做到适地适树的主要依据,也是关系到造林成败的关键所在。通常采用主导环境因子法划分立地条件类型。

首先,要对影响林木成活与生长的环境因子进行调查。如地形中的海拔、坡度、坡向、坡位和地貌部位等;土壤因子中的土壤类型、土层厚度、腐殖质层厚度和含量、机械组成、结构、pH值和土壤侵蚀程度等;水文因子的地下水位深度和季节变化、有无季节性的积水及持续期等;生物因子如造林地植物群落名称、结构、覆盖度及其生长情况、有益动物和微生物状况等。另外,还需了解一些特殊的环境因子,如是否处于风口或冰雹带以及有无大气污染等。

在上述调查的基础上,分析各环境因子与林木必需的生态因子光、热、水、气、养分之间的关系,找出对生态因子影响最广、影响程度最大的那些环境因子(如坡向)和有可能限制林木生长的环境因子(如土层厚度或土壤含盐量等)。最后将两者结合起来,逐个分析各环境因子的作用程度,并注重它们之间的相互联系,特别要注意那些处于极端状态有可能成为限制因子的环境因子,从而找出主导因子,以主导因子划分立地条件类型。

(2)适地适树。首先了解树种的生物学特性和生态学特性,选择与不同立地条件类型相适宜的树种。在选择树种时,以当地优良乡土树种为主,在树种搭配上,尽量做到针阔混交、乔灌木结合(见表3-1)。根据土地利用方式可将林农、林牧或林牧农相结合进行立体种植经营。在树种规划、混交方式、造林密度和种植点配置的基础上,再按林种的防护和生产性能统计各林种的面积。

表 3-1　典型区域水土保持林适宜树种

区域	适宜作为水土保持林的主要树种
黄土高原地区	针叶类:油松、侧柏、杜松、樟子松、华北落叶松、华山松、云杉等;阔叶类:群众杨、河北杨、山杨、合作杨、小叶杨、刺槐、臭椿、旱柳、白榆、国槐、栓皮栎、辽东栎、柿树、枣树、白蜡等;小乔木和灌木类:柠条、金银花、狼牙刺、文冠果、翅果油树、黄蔷薇、花椒、木瓜、扁桃、花棒、火炬树、杞柳、枸杞等
太行山区	油松、侧柏、华北落叶松、华山松、日本落叶松、栓皮栎、辽东栎、槲树、蒙古栎、臭椿、旱柳、小叶杨、毛白杨、刺槐、元宝枫、栾树、胡枝子、紫穗槐、沙棘、杜梨、山桃、山杏、荆条、酸枣、白蜡、黄栌和灌木柳等
东北黑土丘陵区	兴安落叶松、长白落叶松、红皮云杉、樟子松、小黑杨、小青杨、山杨、白桦、紫椴、旱柳、胡枝子、丁香、沙棘及灌木柳等
流动、半流动沙区	樟子松、新疆杨、箭杆杨、小叶杨、胡杨、花棒、梭梭、沙拐枣、沙柳、踏郎、柽柳、沙枣等

注:上述各树种在当地适宜的立地条件类型下生长良好。

(3)造林典型设计。造林典型设计是对各立地条件类型的造林树种、林种、造林密度、混交方法、配置形式、整地方式和造林方法等进行设计。一般采用图、表和文字说明相结合的形式表示。如立地条件类型为 15°～25° 的阳坡和半阳坡:造林树种为油松和沙棘,造林密度为 2 500 株/hm²,其中油松 1 250 株/hm²,沙棘 1 250 株/hm²;林种为水土保持防护林,混交方法为株间混交,三角形配置形式;采用水平阶整地,造林方法为植苗造林。根据以上内容绘出造林典型设计图。

（4）造林整地。造林整地是拦蓄径流、保持水土、改善土壤理化性质和提高造林成活率的重要技术。通常采用的整地方式为水平阶、水平沟、反坡梯田和鱼鳞坑等。

（5）造林方法。按所用的造林材料的不同，可分为植苗造林、播种造林和分殖造林。

植苗造林是应用最为广泛的一种造林方法。因所用的苗木已形成完整的根系和茎干，对不良的环境因子有较强的抵抗能力，在干旱地区和水土流失地区的造林成活率较高；播种造林是将种子直接播种在造林地上，可用人工播种或飞机播种，特别是飞播使得边远山区可进行大面积的造林，以达到尽快恢复和增加植被覆盖，改善生态环境的目的。分殖造林是利用树木的营养器官如茎、枝条、根、地下茎等直接进行造林的方法。这种方法不需要种子和苗木，能保存母本植株的特性，但因没有根系，造林时要求较湿润的土壤条件。

（6）抚育管理。适时地进行整地，改良土壤，为幼林成活、生长创造良好的条件；对林木进行保护，防止各种自然灾害和人畜破坏；调整林木生长过程，促其成林，并使其适应环境条件和人们的需求。

（二）农田防护林

农田防护林是为了防止风沙、干旱等自然灾害，改善农作物生长的环境条件并提供一定的林副产品而营造的人工林带。农田防护林带由主林带和副林带按照一定的距离纵横交错构成格状，即防护林网。主林带用于防止主要害风，林带和风向垂直时防护效果最好。但根据实际条件，允许林带与主害风的方向有不超过30°的偏角，否则防护效果将明显下降。副林带与主林带相垂直，用于防止次要害风，增强主林带的防护效果。农田防护林通常与路旁、渠旁绿化相结合，构成林网体系。

1. 林带结构

林带结构指林带内树木枝叶的密集程度和分布状况，常用透风系数表示。透风系数为林带背风林缘1 m处林带高度范围内的平均风速与空旷地相同高度范围内的平均风速之比。不同树种组成、不同的林带宽度和造林密度，形成不同的林带结构。林带结构通常分为紧密结构、透风结构、疏透结构三种基本类型。

（1）紧密结构。由乔木、亚乔木和灌木树种组成的三层林冠，几乎不透风、不透光，害风从林带上方越过呈垂直方向急剧下降。它的有效防护距离较短，一般有效防护距离约为林带高度的15倍。

（2）透风结构。林带由乔木或乔木和亚乔木组成，上部为较紧密的林冠层，下部为较均匀透风树干层，透风系数为0.5~0.7，害风遇到林带时，一部分从下层透过，一部分从林带上部绕行。透风结构的林带下部及其附近很容易产生风蚀现象，尤其当林带下部的透风孔较大时，风蚀现象更为严重。因此，在风蚀区不宜应用这种结构。透风结构的林带在防护距离上比紧密结构的林带要大得多，其有效防护距离约为25倍的树高。

（3）疏透结构。整个纵断面透风、透光均匀，透风系数为0.3~0.5，害风遇到此种林带时，一部分像过筛网似的通过林带，另一部分从林带上方越过。疏透结构的林带是三种结构中较理想的类型，不仅能较大地降低害风的速度，而且防护距离也较大。有效防护距离约为林带背风面30倍的树高。

2. 林带宽度

林带宽度以能够形成适宜的林带结构和适宜的疏透度(林带纵断面透光空隙的面积占纵断面总面积的百分数)为标准,带宽大多为 4~12 m。

3. 林带间距

(1)主林带间距。为削弱害风风速,减小风沙危害,防止表土风蚀,保持土壤肥力,主林带的间距应为当地林带成林高度的 15~20 倍;在以干热风为主的危害地带,主林带的间距应以当地林带成林时高度的 25~30 倍为宜。

(2)副林带间距。副林带的间距一般为主林带间距的 2~4 倍。若害风来自不同的方向,也可按主林带间距设计,构成正方形林网。

(三)水源涵养林

水源涵养林是以调节、改善水源流量和水质,保证江河基流,维持水量平稳,控制河流源头水土流失,调节洪水枯水流量,具有良好的林分结构和林下地被物层的天然林与人工林。水源涵养林是国家规定的防护林的二级林种,是以发挥森林涵养水源功能为目的的特殊林种。

水源涵养林通过对降水的吸收调节等作用,变地表径流为土壤中的径流和地下径流,起到显著的水源涵养作用。我国对大中型水库、湖泊的水源涵养林的规定为:山地自然地形的第一层山脊以内的森林;或其周围平地 250 m 以内的森林和林木。就一条河流而言,一般要求水源涵养林的布置范围占河流总长的 1/4;一级支流上游和二级支流的源头以上及沿河直接坡面,都应区划一定面积的水源涵养林,必须使集水区森林覆盖率达到 50% 以上,其中水源涵养林覆盖率占 30%。

水源涵养林通过林冠截留降雨、林下地被物层和土壤层的涵养水源作用,来起到对林地水分的再分配、调节、储蓄和改变水分循环系统的作用。因此,在经营管理方面,人工营造水源涵养林时,林地面积不宜少于流域总面积的 30%,并选择不同林龄的乔灌木树种,形成多层次、异龄的混交林,充分保护林地的地被物层。在林分形成的过程中,包括天然形成的水源涵养林,只进行必要的抚育采伐、卫生采伐和更新采伐等,禁止主伐。如四川广安的水源涵养林形象地称为"中国水利水保林",成为全国水源涵养林示范区。

二、水土保持种草技术

水土保持种草是指在水土流失地区,为了蓄水保土,改良土壤,提供饲料、燃料和肥料,促进畜牧业发展而进行的草本植物培育。水土保持种草对以林牧业为主的地区尤为重要。

(一)草种的选择

按照适地适草的原则,选择适生的草种。如根据土壤水分情况,选择草类:①干旱、半干旱地区选择旱生草类,如沙蒿、冰草等;②水分条件较好时选择对土壤水分要求中等、草质较好的中生草类,如苜蓿、鸭茅等;③水域岸边、沟底等低湿地选择湿生草类,如田菁、芦苇等;④水面、浅滩地选种水生草种,如水浮莲、茭白等。

另外,根据情况还可按气候、土壤酸碱度和其他生态环境(如林地选择耐阴草类三叶草)选择适宜的草类。

(二)种植技术

根据草种、土壤条件和栽培条件可采用条播、撒播、穴播,还可采用带状播种和混播的方式进行播种。

(1)播种深度。播种时开沟深度在土壤墒情差时应深些,覆土厚度根据草种类和萌发能力而确定。小粒种子如苜蓿、沙打旺、草木樨、草地早熟禾等覆土深为 1 ~ 2 cm;中粒种子如红豆草、毛苕子和无芒雀麦等覆土深为 3 ~ 4 cm。一般禾本科的草类要深些,豆科草类种子可浅些。此外,播种深度和土壤质地也有关,轻质土壤可深些,黏重土壤可浅些。

(2)播种量。播种量取决于牧草的生物学特性、栽培条件、土壤条件、气候条件和种子的质量等方面。这些因素决定了牧草在田间的合理密度,由此推出该牧草的理论播种量。若种子的纯净度和发芽率均为 100% 时,该牧草种子的播种量为:

$$理论播种量(kg/hm^2) = 田间合理密度(株/hm^2) \times 千粒重(g) \times 10^{-6}$$

$$经验播种量(kg/hm^2) = 保苗系数 \times 理论播种量$$

实际应用中可参照当地牧草的具体经验播种量。

(3)草地管护。建设围栏进行保护,在幼苗和返青期防止禽畜啃食;播种后和幼苗生长期间,需要进行松土补种和及时中耕除草;二年生以上草地,在春季萌芽前要清理田间留茬。在秋季最后一次刈割后进行中耕松土。

三、林业生态工程

我国著名的生态学家马世骏早在 20 世纪 50 年代就提出生态工程一词。马世骏先生为生态工程下的定义为:"生态工程是应用生态系统中物种共生与物质循环再生原理,结构与功能协调原则,结合系统分析的最优化方法,设计的促进分层多级利用物质的生产工艺技术。生态工程的目标就是在促进自然界良性循环的前提下,充分发挥资源的生产潜力,防治环境破坏和污染,达到经济效益与生态效益同步发展。它可以是纵向的层次结构,也可以发展为几个纵向工艺链索横向联系而成的网状工程系统。"他还曾精辟地提出生态工程是生态学的原理在资源管理、环境保护和工农业生产中的应用,从而为引导国内外生态工程研究打开了思路,奠定了坚实的理论和实践基础。

林业生态工程属于生态工程的一个分支。林业生态工程是根据生态学、林学、系统科学、生物控制论原理、水土保持原理和生态工程原理,针对区域自然资源环境特征和社会经济发展状况,设计、建造、经营与调控以木本植物为主体,并将相应的植物、动物、微生物等生物种群人工匹配结合而形成稳定、高效的人工复合系统的工程技术。林业生态工程的目标是建造某一区域或流域的以木本植物为主体的优质、稳定的复合生态系统,以从根本上扭转生态环境恶化的状况,充分发挥森林在陆地生态系统中的主体作用,缓解森林资源危机,维护生态平衡,因此林业生态工程的建设对防治水土流失具有决定性的作用。

(一)生物群落建造工程

生物群落建造工程主要包括林业生态工程各组成部分,如林种的空间布局和配置、生物种群选择、稳定林分结构设计等。如以小流域为单元的防护体系高效空间配置、农林复合可持续经营、混交林营建等工程技术。

(二)环境调控工程

环境调控工程主要为保证植物正常生长发育而采取的改良当地立地条件的技术措施,如改善造林立地条件的各类蓄水整地、径流汇集、节水补灌、地膜覆盖保墒和土内防渗漏等措施;为防治水土流失而采取的各种水土保持工程措施;风沙区造林采用的人工沙障等措施均属于环境调控工程。

(三)食物链工程

食物链分为生产性食物链和减耗性食物链。生产性食物链可以有效地利用绿色植物产品或加工剩余物转化成经济产品。如著名的珠江三角洲的桑基鱼塘,就是用鱼作为生产性食物链,已有几百年成功的历史;减耗性食物链,如太行山区利用人工放养益鸟控制林冠害虫。

根据林业生态工程在某一特定区域建设的目的、结构与功能,可将其划分为山丘区林业生态工程、平原区林业生态工程、风沙区林业生态工程、沿海林业生态工程、城市林业生态工程、水源区林业生态工程、复合农林业生态工程、防止山地灾害林业生态工程和自然保护区林业生态工程等。

我国从 1978 年起,先后确立了以遏制水土流失、改善生态环境、扩大森林资源为主要目的的十大林业生态工程:"三北"防护林体系建设工程、长江中上游防护林体系建设工程、沿海防护林体系建设工程、平原绿化工程、太行山绿化工程、防沙治沙工程、淮河太湖流域综合治理防护林体系建设工程、黄河中游防护林工程、辽河流域综合治理防护林体系建设工程、珠江流域综合治理防护林体系建设工程。这十大林业生态工程的规划区总面积为 705.6 万 km²,占国土总面积的 73.5%,覆盖了我国主要的水土流失、风沙危害和台风盐碱等生态环境最为脆弱的地区,构成了林业生态建设的基本骨架。1998 年,我国针对大水和旱灾连年加重、沙尘暴频繁发生的严重生态问题,又规划实施了退耕还林还草工程(该工程主要解决重点地区的水土流失问题)、天然林保护工程(主要解决长江上游、黄河中上游地区天然林的休养生息和恢复发展问题)、环北京地区防沙治沙工程、重点地区以速生丰产用材林为主的林业产业基地建设工程、"三北"和长江中下游地区等重点防护林建设工程及野生动植物保护建设工程。六大林业工程覆盖了我国 97% 以上的县。林业生态工程的实施可以从根本上扭转生态环境恶化的状况,缓解森林资源危机,充分发挥森林在陆地生态系统中的主体作用,维护生态平衡,为经济社会的可持续发展提供良好的环境基础。

第三节　水土保持工程措施

水土保持工程措施是指为达到保持水土、合理利用水土资源、防治水土流失危害而修筑的各种建筑物。工程措施是水土流失综合防治措施体系的主要组成部分,与水土保持生物措施及其他措施相互结合形成完整的综合防治措施体系。

水土保持工程措施根据兴修的目的和应用条件可分为坡面防治工程、沟道治理工程、山洪及泥石流排导工程和小型水利工程。

(1)坡面防治工程。为防治山坡水土流失而修筑的工程措施。这类工程主要有梯田、拦水沟埂、水平沟、水平阶、鱼鳞坑、山坡截流沟、水窖、蓄水池和稳定斜坡的挡土墙、削坡和护坡等措施。坡面防治工程的主要作用是减轻坡地的土壤侵蚀,将降水就地拦蓄,提高水分的利用率。同时将多余的径流引入蓄水工程,起到调节坡面径流的作用。

(2)沟道治理工程。为固定沟床、拦蓄泥沙、防止或减轻山洪及泥石流灾害而修筑的各种工程措施。这类工程有沟头防护工程、谷坊工程、淤地坝和拦沙坝等。沟壑治理工程的主要作用是防止沟头前进、沟床下切,减缓沟床纵坡,调节山洪的洪峰流量,拦蓄山洪及泥石流所携带的固体物质,使山洪安全排泄。

(3)山洪及泥石流排导工程。为防止山洪、泥石流在沟口冲积扇上造成危害,保护村庄、道路、工矿企业及生产安全而修筑的工程。如排洪沟、导流堤等。

(4)小型水利工程。这类工程有小水库、塘坝、治滩造田、引洪淤地、引水上山等。其作用在于将地表径流及地下潜流拦蓄起来,不仅能防止和减轻水土流失,而且可有效地利用水沙资源灌溉农田,发展生产。水土保持工程措施的详细内容见第四章。

思考题

3-1　何谓水土保持措施? 水土保持三大技术措施的作用各是什么?

3-2　解释概念

生态农业　　水土保持林　　农田防护林　　水源涵养林　　林业生态工程

3-3　应如何营造水土保持林?

3-4　水土保持工程措施可分哪几类? 举例说明。

第四章　水土保持工程措施

第一节　治坡工程

治坡工程包括梯田工程、坡面蓄水工程、坡面排水工程和斜坡固定工程等。

一、梯田工程

梯田是山丘区坡地上沿等高线方向修筑的条状台阶式或波浪式断面的田地。梯田通过改变地形坡度,拦蓄雨水,达到保水、保土、保肥和提高粮食产量的目的,从而为陡坡地退耕还林还草奠定了良好的基础。因此,梯田是改造坡地、保持水土,全面发展山区、丘陵区农业生产的一项重要工程措施。我国规定25°以下的坡耕地可修成梯田,种植农作物,25°以上的坡地则应退耕植树种草。

(一)梯田分类

通常按断面形式可分为台阶式梯田和波浪式梯田两类。

1. 台阶式梯田

台阶式梯田是在坡地上沿等高线修筑而成的台阶式田地。台阶式梯田又分为水平梯田、坡式梯田、反坡梯田和隔坡梯田4种。

(1)水平梯田。田面呈水平,适宜于种植农作物和果树等(见图4-1)。

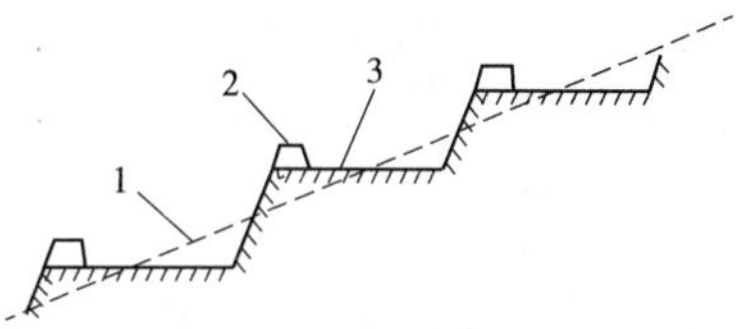

1—原地面;2—地埂;3—田面

图 4-1　水平梯田断面示意图

(2)坡式梯田。顺坡向每隔一定间距沿等高线修筑地埂,依靠逐年耕翻、径流冲淤并加高地埂的方法,使田面坡度逐年变缓,最终改造成水平梯田。所以,坡式梯田也是一种过渡形式的梯田(见图4-2)。

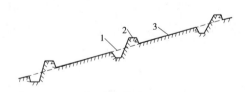

1—原地面;2—地埂;3—田面

图 4-2　坡式梯田断面示意图

(3)反坡梯田。田面微向内侧倾斜,反坡一般可达2°。这种梯田能增加田面蓄水量,并可将暴雨形成的过多径流由梯田内侧安全排走。适于旱作与栽植果树。干旱地区造林所修的反坡梯田,一般宽仅1~2 m,反坡为10°~15°。

(4)隔坡梯田。相邻两水平台阶之间隔一原斜坡段的梯田(见图4-3)。由斜坡段产生的径流和泥沙可被截留于水平田面,以利于农作物生长;斜坡段可种草、营造经济林或实施林粮间作等。在25°以下的坡地上修筑隔坡梯田可作为水平梯田的过渡形式。

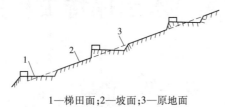

1—梯田面;2—坡面;3—原地面

图4-3　隔坡梯田断面示意图

2.波浪式梯田

波浪式梯田是在缓坡地上修筑的断面呈波浪式的梯田(见图4-4),又名软埝或宽埂梯田。一般是在小于7°的缓坡地上,每隔一定距离沿等高线方向修软埝以拦蓄全部径流,适于较干旱地区;若在较湿润地区,软埝可修筑成倾斜式的,以便将多余径流由截水沟安全排走。软埝的边坡平缓,一般可种植作物,而两埝之间的距离较宽,面积较大,也便于农业机械化耕作。

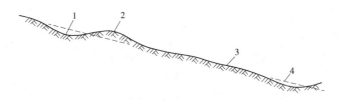

1—截水沟;2—软埝;3—田面;4—原地面

图4-4　波浪式梯田断面示意图

梯田还可按田坎建筑材料的不同分为土坎梯田、石坎梯田、植物田坎梯田;按土地利用方式的不同分为农田梯田、水稻梯田、果园梯田和林木梯田等;按是否灌溉分为旱地梯田和灌溉梯田;按施工方法可分为人工梯田和机修梯田。

(二)梯田规划

梯田由于施工方法不同,梯田规划的要求也有差别。有些要求如耕作区规划、道路规划、地块规划等人工修梯田与机修梯田基本一致,是梯田规划的重点内容。有些要求如施工方案和进度规划等,则是机修梯田所特有的,这些问题在规划中,应当细致分析,妥善处理。

1.耕作区规划

耕作区的规划,必须以一个经济单位(一个镇或一个乡)的农业生产规划和水土保持规划为基础。根据农、林、牧全面发展,合理利用土地的要求,研究确定农、林、牧业生产用地比例和具体位置,在有利于实现机械化和水利化的地方,建设高产稳定基本农田,然后根据地形条件,划分耕作区。

在塬川缓坡地区,一般以道路、渠道为骨干划分耕作区;在丘陵陡坡地区,一般按自然地形,如以一面坡或峁、梁为单位划分耕作区,每个耕作区的面积以 $3 \sim 7\ hm^2$ 为宜。

如果耕作区规划在坡面下部,坡上部为林地、牧场或荒坡时,为防止超标准暴雨径流汇集后的冲刷侵蚀,应在耕作区上缘开挖截水沟,以拦截上部来水,并将其引入水窖、涝池等蓄水工程或在适当地方将洪水排走,确保耕作区不受冲刷。

2. 地块规划

在每一耕作区内,根据地面坡度、坡向等因素,进行具体的地块规划,一般应达到以下几点要求:

(1)地块形状。地块的平面形状应基本上顺等高线呈长条形、带状布设,以避免梯田施工时远距离运送土方。

(2)有利于机械化耕作。当坡面有浅沟等复杂地形时,地块布设必须注意"大弯就势,小弯取直",不强求一律顺等高线,以免把田面的纵向修成连续的"S"形,不利于机械耕作。

(3)有利于自流灌溉。若梯田有自流灌溉的条件,修筑时应使田面纵向保留1/200～1/500的比降,以利自流灌溉。

(4)地块长度。有条件的地方地块长度可采用300～400 m,至少应为150～200 m。地块越长,机耕时转弯掉头次数越少,工效越高。如受地形所限,地块长度最好不小于100 m。

另外,在耕作区规划和地块规划中,如有不同镇、乡的插花地,必须进行协商和调整,以便于施工和耕作。

3. 道路与灌排水设施规划

山区道路规划总的要求为两大方面。一是要保证机械化耕作的机具能顺利地进入每一个耕作区和每一地块;二是必须有一定的防冲措施,以保证路面完整与畅通,保证不因路面径流冲刷而冲毁农田。

梯田灌排水实施规划,若在坡地梯田区应突出蓄水灌溉为主,结合地面蓄水拦沙工程的规划,按照坡地梯田面积和水源(当地降水径流)情况,布设池、塘、埝、库等蓄水工程和相应的渠系工程;冲沟梯田区,不仅要考虑灌溉用水,而且排洪和排涝设施也十分重要。冲沟梯田区的排洪渠系布设可与灌溉渠道相结合,平日输水灌溉,雨日排涝防冲。为了节省渠道占地和提高排涝效果,可以采用暗渠和明渠相结合的工程排涝设施。

(三)水平梯田的断面设计

水平梯田断面设计主要是确定在不同条件下梯田的最优断面。所谓最优断面,就是同时满足以下三点要求:一是适应机耕和灌溉的要求;二是保证梯田田坎的安全与稳定;三是最大限度地省工。

梯田最优断面关键是确定适当的田面宽度和田坎坡度。

1. 水平梯田的断面要素

水平梯田的断面要素如图4-5所示。

2. 各要素之间的关系

一般根据当地的土质状况和地面坡度选定田坎高度和侧坡(指田坎边坡),然后计算田面宽度。也可根据地面坡度、机耕和灌溉需要先确定田面宽,然后计算田坎高。从图4-5可以看出,田面愈宽,耕作愈方便,但田坎愈高,挖(填)土方量愈大,用工愈多,田坎也越不稳定。在黄土丘陵区田面宽多为8～30 m,缓坡上宽些,陡坡上窄些,最窄不小于8

m,田坎高以 1.5~3 m 为宜,缓坡上低些,陡坡上高些,最高不超过 4 m。

水平梯田各要素之间的关系如下。

田面毛宽:
$$B_m = H \cdot \cot\theta \qquad (4\text{-}1)$$

埂坎占地:
$$B_n = H \cdot \cot\alpha \qquad (4\text{-}2)$$

田面净宽:
$$B = B_m - B_n = H(\cot\theta - \cot\alpha) \quad (4\text{-}3)$$

埂坎高度:
$$H = \frac{B}{\cot\theta - \cot\alpha} \qquad (4\text{-}4)$$

田面斜宽:
$$B_1 = \frac{H}{\sin\theta} \qquad (4\text{-}5)$$

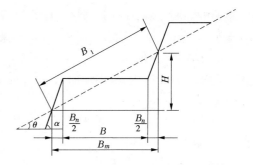

θ—地面坡度,(°);H—埂坎高度,m;
α—埂坎坡度,(°);B—田面净宽,m;
B_n—埂坎占地宽,m;B_m—田面毛宽,m;
B_1—田面斜宽,m

图 4-5　水平梯田断面要素示意图

从上述关系式可以看出,埂坎高度(H)是根据田面净宽度(B)、埂坎坡度(α)和地面坡度(θ)三个数值计算而得。其余三个要素田面毛宽(B_m)、埂坎占地宽(B_n)和田面斜宽(B_1)都可根据 H、α、θ 三个数值计算而得。对于一个具体的地块来说,地面坡度(θ)是个常数。因此,田面净宽度(B)和埂坎坡度(α)是断面要素中起决定作用的因素。在梯田断面计算中,主要研究这两个因素。

3.水平梯田土方量的计算

(1)土方断面。在挖填方相等时,梯田挖(填)方的断面面积可由下式计算:
$$S = \frac{1}{2} \times \frac{H}{2} \times \frac{B}{2} = \frac{HB}{8} \ (\text{m}^2)$$

(2)单位面积梯田土方量。根据上述公式可以计算出不同田坎高的单位面积梯田土方量(指挖方)。

每亩[●]土方量:
$$V = SL = \frac{HB}{8} \times \frac{666.7}{B} = 83.3H \ (\text{m}^3/\text{亩}) \qquad (4\text{-}6)$$

每公顷梯田的土方量:
$$V = \frac{HB}{8} \times \frac{10\,000}{B} = 1\,250H \ (\text{m}^3/\text{hm}^2) \qquad (4\text{-}7)$$

二、水窖

水窖为修建于地面以下蓄积天然降水的建筑物。其主要作用是集蓄雨水,减少水土流失的危害;灌溉农田,解决人畜饮水与生态用水。如山西省平陆县大河庙灌区 2009 年对全县各雨水集蓄利用示范区(集雨工程主要为旱井和人字闸)的调查结果表明:在成片

● 1 亩 = 1/15 hm²,下同。

发展雨水集蓄利用的区域,"集雨＋梯田"模式可减少水土流失量50%以上。全县现有的 0.3 万眼集雨旱井,每年可拦蓄地表径流 12 万 m³,拦蓄泥沙 3.5 万 t。

(一)水窖类型

水窖按其形式可分为井窖与窑窖两种,其中井窖的单窖容量多为 30 ~ 50 m³;窑窖的单窖容量多为 100 ~ 200 m³,窑窖应在土质坚硬的岩坎或土坎上修筑。

1. 井窖

井窖也叫旱井,在黄河中游地区分布较广。主要由窖筒、旱窖、散盘、水窖和窖底等部分组成(见图 4-6)。

(1)窖筒。在黏土区,窖筒直径 0.8 ~ 1.0 m;在较疏松的黄土上,窖筒直径 0.5 ~ 0.7 m。在坚硬的黏土上,窖筒深度 1 ~ 2 m;在疏松黄土上,窖筒深度约 3 m。

(2)旱窖。指窖筒下口到散盘这一段,一般不上胶泥,也不能存水,所以叫旱窖。

(3)散盘。旱窖与水窖连接的地方。

(4)水窖。四周窖壁捶有胶泥以防渗漏,主要用来蓄水。

(5)窖底。窖底直径随旱井的形式而定,一般为 1.5 ~ 3.0 m,最小的 0.7 m 左右。

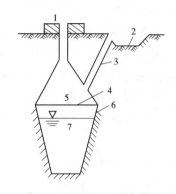

1—窖口;2—沉沙池;3—进水管;
4—散盘;5—旱窖;6—胶泥层;7—水窖

图 4-6　井窖各部分名称示意图

2. 窑窖

窑窖与西北地区群众居住的窑洞相似,其特点是容积大,占地少,施工安全,取土方便,省工省料。窑窖容积一般为 300 ~ 500 m³,窖高 2 m 以上,窖长 6 ~ 25 m,上宽 2.0 ~ 3.5 m,底宽 1.5 ~ 3.0 m。根据修筑方法又可分为挖窑式和屋顶式两种。

在有水源保证的地方,修建水窖用来分配或调节用水量。根据地形及用水需水的地点,通常可建成单窖、多窖串联或并联的方式(见图 4-7、图 4-8)。

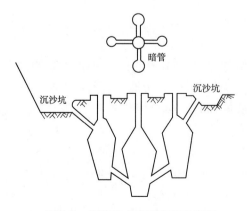

图 4-7　梅花形水窖群布置示意图

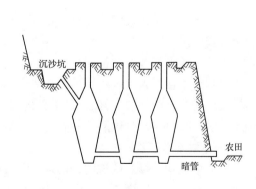

图 4-8　排子形水窖群示意图

水窖多布设在村旁、路旁、庭院等有足够地表径流来源和固定水源的地方。窖址处应有深厚坚实的土层，距沟头、沟边 20 m 以上，距大树 10 m 以上。石质山区应修建在不透水的基岩上。以饮用水为主时应远离污染源。

（二）井窖设计

井窖地面建筑物由窖口、沉沙池和进水口三部分组成。窖口由砖和块石砌成，一般高出地面 0.3～0.5 m；沉沙池位于来水方向，距窖口水平距离 4～6 m，多为梯形或矩形断面，长 2～3 m，宽 1～2 m，边坡 1:1；进水管圆形，直径 0.2～0.3 m，管口常有铅丝拦污网，以防杂草进入井内或堵塞管道，在沉沙池自地表向下深约 2/3 处，进水管以 1:1 的坡度向下与旱井连接。

地下部分的窖筒供取水用，直径 0.6～0.7 m，深 1.5～2.0 m；旱窖深 2～3 m，至散盘处直径达 3～4 m；水窖深 3～5 m，从散盘处向下直径逐渐缩小，至底部直径 2～3 m，水窖及窖底采用胶泥或水泥砂浆抹面防渗。

井窖设计主要是确定单窖容积和井窖总容积。

计算年井窖来水量：

$$W = Fh_1\varphi \tag{4-8}$$

式中　W——来水量，m^3；

　　　F——集水面积，m^2；

　　　h_1、φ——设计频率的降雨量和径流系数。

单窖容积计算：

$$V = \frac{H}{3}(S_1 + S_2 + \sqrt{S_1 S_2}) \tag{4-9}$$

式中　V——水窖容积，m^3；

　　　H——水窖最大蓄水深度，m；

　　　S_1、S_2——散盘及窖底的截面面积，m^2。

水窖总容积为：$nV \geq W$，其中 n 为水窖数量。

三、山坡截流沟

山坡截流沟是在坡面上每隔一定距离横坡修筑的具有一定坡度的沟道。截流沟又叫引水沟或引洪渠。

山坡截流沟能截短坡长，阻截径流，减免径流的冲刷，将分散的径流集中起来，输送到蓄水工程或直接引入生产用地进行灌溉。山坡截流沟与梯田、涝池、水窖、沟头防护以及引洪漫地等措施相配合，对保护其下部的生产用地和村庄，防止沟头前进、滑坡等重力侵蚀，以及对于维护公路、铁路等的安全都具有重要的意义。

（一）截流沟布置

一般坡面均可修筑截流沟，截流沟与纵向布置的排水沟相连且在坡面均匀布设，把径流排走。截流沟在坡面布设的间距随坡度的增大而减小（见表 4-1）。如坡度为 5°时，截流沟的间距约 15 m；坡度 20°时，截流沟间距约 12 m。实地勘察定线时，应查明坡面地形、植被、蓄水工程的位置和容积等特点，并收集降雨资料，先大致确定截流沟的线路，然后再设计确定截流沟的断面面积,以保证将设计的暴雨径流全部输送至蓄水工程。

表 4-1　山坡截流沟间距

坡度		沟间距(m)	坡度		沟间距(m)
%	(°)		%	(°)	
3	1.7	30	9~10	5.1~5.7	16.5
4	2.3	25	11~13	6.3~7.4	15
5	2.9	22	14~16	8.0~9.05	14
6	3.4	20	17~23	9.38~12.57	13
7	4.0	19	24~37	13.29~20	12
8	4.6	18	38~40	21~21.8	11.5

(二)断面设计

根据选定的截流沟线路,设计截流沟合理的纵坡和横断面尺寸。

1. 计算设计洪峰流量

截流沟各段断面的截流流量不相同,首段集水面积小,流量较小;随着截流沟的延伸,集流面积逐渐增大,流量也相应增大。若横断面一定的条件下,流量大时截流沟底部的纵坡宜小,流量小时纵坡宜大。因此,设计时应对截流沟分段进行流量计算。

截流沟的设计洪峰流量:

$$Q = CiF \tag{4-10}$$

式中　Q——设计洪峰流量,m^3/s;

　　　C——产流系数;

　　　i——最大暴雨强度,m/s;

　　　F——集水面积,m^2。

2. 沟底纵坡

截流沟的沟底应保持一定的坡比,以保证水流达到不冲不淤流速。根据经验,当设计流量为 0.03~0.1 m^3/s 时,沟底纵坡取 1/300~1/1000;当设计流量为 0.1~0.3 m^3/s 时,沟底纵坡取 1/800~1/1500。

3. 横断面设计

假设一横断面,按谢才公式计算流速:

$$v = C\sqrt{Ri} \tag{4-11}$$

式中　v——流速,m/s;

　　　C——谢才系数,$C = \dfrac{1}{n}R^{1/6}$;

　　　R——水力半径;

　　　i——截水沟纵坡。

计算出平均流速 v 后,若属于不冲不淤流速,则按 $Q = v\omega$ 校核(ω 为过流断面面积);若与洪峰流量相符,则横断面可行。否则,改变断面尺寸,重新设计,直至满足要求。

四、斜坡固定工程

斜坡固定工程是防止斜坡岩石土体的运动,保证斜坡稳定而布置的工程措施。包括挡墙、抗滑桩、削坡和反压填土、砌石护坡、喷浆护坡、格状框条护坡和土工网植物固坡工程等。

(一)挡墙

挡墙又称挡土墙,可防止崩塌、小规模滑坡及大规模滑坡前缘的再次滑动。挡墙的构造有重力式、半重力式、倒 T 形或 L 形、扶壁式、支垛式和框架式等类型,如图 4-9 所示。

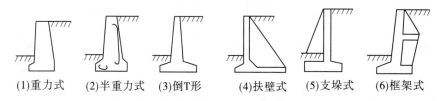

(1)重力式　　(2)半重力式　　(3)倒T形　　(4)扶壁式　　(5)支垛式　　(6)框架式

图 4-9　挡墙横断面图

重力式挡墙可以防止滑坡和崩塌,适用于坡脚较坚固,允许承载力较大,抗滑稳定较好的情况。根据建筑材料和形式,重力式挡墙又分为片石垛、浆砌石挡墙、混凝土或钢筋混凝土挡墙和空心挡墙(明洞)等。片石垛(见图 4-10)可就地取材,施工简单,透水性好,适用于滑动面在坡脚以下不深的中小型滑坡,不适用于地震区的滑坡。

若滑动面出露在斜坡上较高的位置,而坡脚基底较坚固,这时可采用空心挡墙(见图 4-11),即明洞。明洞顶及外侧可回填土石,允许小部分滑坡体从洞顶滑过。

浅层中小型滑坡的重力式挡墙宜建在滑坡前缘,若滑动面有几个且滑坡体较薄,可分级支挡。

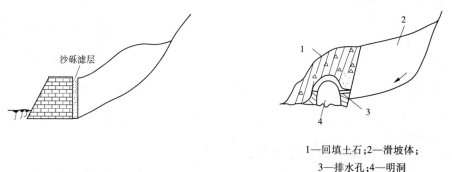

沙砾滤层

图 4-10　片石垛

1—回填土石;2—滑坡体;
3—排水孔;4—明洞

图 4-11　空心挡墙

其他几种类型的挡墙多用于防止斜坡崩塌,一般用钢筋混凝土修建。倒 T 形因材料少,自重轻,需利用坡体的重量,适用于 4~6 m 的高度;扶壁式和支垛式因有支挡,适用于 5 m 以上的高度;框架式也称垛式,是重力式的一个特例,由木材、混凝土构件、钢筋混凝土构件或中空管装配成框架,框架内填片石,它又分叠合式、单倾斜式和双倾斜式。框架式结构较柔韧,排水性好,滑坡地区采用较多。

（二）抗滑桩

抗滑桩是穿过滑坡体将其固定在滑床的桩柱。使用抗滑桩,省工省料,施工方便,所以抗滑桩是广泛采用的一种抗滑措施。

选用抗滑桩材料可根据滑坡体厚度、推力大小、防水要求和施工条件等确定。如木桩、钢桩、混凝土桩或钢筋(钢轨)混凝土桩等,木桩可用于浅层小型土质滑坡或对土体的临时拦挡,木桩容易打入,但强度低,抗水性差,所以防止滑坡常用钢桩和钢筋混凝土桩。

抗滑桩的材料、规格和布置要能满足抗断、抗弯、抗倾斜、阻止土体从桩间或桩顶滑出的要求,这就要求抗滑桩有一定的强度和锚固深度。桩的设计和内力计算可参考有关资料。

（三）削坡和反压填土

削坡主要用于防止中小规模的土质滑坡和岩质斜坡崩塌。削坡可减缓坡度,减小滑坡体体积,减少下滑力。因滑坡体可分为滑动部分和抗滑部分,滑动部分是滑坡体的后部,它产生下滑力;抗滑部分即滑坡前端的支撑部分,它产生抗滑阻力。因此,削坡的对象是滑动部分,当高而陡的岩质斜坡受节理缝隙切割得比较破碎时,有可能崩塌坠石,通过削缓坡的顶部以剥除危岩,防止发生重力灾害。

若斜坡高度较大时,削坡常分级留出平台,以增强坡面的稳定性,防止滑坡发生。

反压填土是在滑坡体前面的抗滑部分堆土加载,以增加抗滑力。填土可筑成抗滑土堤,分层夯实,外露坡面应干砌片石或种植草皮,堤内侧要修筑渗沟,土堤和老土间应修隔渗层,填土时要先做好地下水引排工程,以防止堵住原来的地下水出口而在土体内形成积水。

（四）喷浆护坡

在基岩有细小裂隙但无大崩塌的防护地段,可采用喷浆或喷混凝土护坡,以防止基岩风化剥落。喷涂水泥砂浆时沙石料最大粒径为15 mm,水泥和沙石的重量比为1:4～1:5,沙石率为50%～60%,水灰比为0.4～0.5。速凝剂的添加量为水泥重量的3%左右。在岩石风化、崩塌严重的地段,加筋锚固后再喷浆。若能就地取材,用可塑胶泥喷涂则更为经济,可塑胶泥也可作喷浆的垫层。注意不要在有涌水和冻胀严重的坡面喷浆或喷混凝土。

（五）格状框条护坡

用浆砌石在坡面做成网格状,网格尺寸一般为2.0 m见方,或将每格上部做成圆拱形,上下两层网格呈"品"字形错开,浆砌石部分宽0.5 m左右。混凝土或钢筋混凝土构件一般采用预制件,规格为宽20～40 cm,长1～2 m,修成格状建筑物。为防止格状建筑物沿坡面向下滑动,应固定框格交叉点或在坡面深埋横向框条,在网格内种植草皮。

（六）土工网植物固坡工程

坡面铺土工网后,种植植物能防止径流对坡面的冲刷,减小径流流速,增加入渗,在坡度不超过50°的坡面,能在一定程度上防止崩塌和小规模滑坡。植物有利于控制面蚀、细沟状侵蚀,减缓地表径流,减轻地表侵蚀。通过根系的固土作用防止浅层块体运动及增强土体抗剪强度,增加斜坡稳定性,以保护坡脚。

在工程实践中,主要采用坡面生物－工程综合措施来达到固坡的目的。坡面生物－工程综合措施即在布置的拦挡工程的坡面或工程措施间隙种植植被。例如,在挡土石墙、石笼墙、铁丝链墙、格栅和格式护墙上增加植物措施,以增加这些挡墙的强度。同时尽量满足植被恢复和重建的条件,达到工程护坡与植被护坡的有效结合。

除此之外,护岸工程、拦沙坝、淤地坝也可在一定程度上起到固定斜坡的作用,详见后面有关内容。

第二节　治沟工程

常见的沟壑治理工程有沟头防护工程、谷坊、淤地坝、拦沙坝和小型水库等。

一、沟头防护工程

沟头防护工程包括蓄水式和排水式两种形式。当沟头上部的来水量不大,可全部拦蓄时采用蓄水式沟头防护工程;否则用排水式沟头防护工程。

在此重点介绍蓄水式沟头防护工程。

（一）沟埂式沟头防护工程的布置

在沟头上部的坡地修筑与沟边大致平行的若干道封沟埂,同时在距封沟埂上方1.0～1.5 m 处,开挖与封沟埂平行的蓄水沟,以拦截与蓄存从坡面汇集的地表径流(见图4-12)。当沟头上部的坡地较完整时,可连续布设;相反可沿等高线断续布设。根据来水量的多少布设一道或多道封沟埂,以使沟埂的拦水量与设计来水量相平衡。

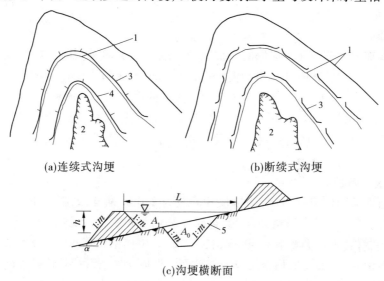

(a)连续式沟埂　　　　　(b)断续式沟埂

(c)沟埂横断面

1—等高线;2—沟壑;3—埂;4—土挡;5—蓄水沟

图 4-12　沟埂式沟头防护工程

第一道封沟埂与沟顶的距离,一般应为沟深的 2～3 倍,至少相距 5～10 m,以免引起沟壁崩塌。各沟埂间距可用下式计算:

$$L = \frac{H}{I} = H\cot\alpha \tag{4-12}$$

式中　L——沟埂间距,m;

H——埂高,m;

I——最大地面坡度(%);

α——坡面坡度,(°)。

沟埂的长度、埂高和沟深,视沟头的地形条件、土质和设计来水量决定。土埂的断面尺寸,一般顶宽 0.3~0.5 m,埂高 0.4~0.8 m,边坡 1:0.5~1:1。为防止超设计标准的暴雨径流冲毁土埂,沿埂每隔 10~20 m 设置一个溢水口,溢水口用块石砌护或铺设草皮。

（二）埂沟设计

埂沟设计主要是确定土埂的高度、数量、间距和蓄水沟的断面尺寸。

1. 计算来水量

$$W = Fh_1\varphi \tag{4-13}$$

式中符号含义同水窖设计。

2. 计算埂沟蓄水容积(V)

$$A = A_1 + A_0 \tag{4-14}$$

$$A_1 = \frac{1}{2}hL = \frac{1}{2}h(hm + h\cot\alpha) = \frac{1}{2}h^2(m + \cot\alpha)$$

$$A_0 = H'(b' + mH') \text{（用梯形面积近似计算）}$$

$$V = (A_1 + A_0)l$$

式中　A——埂沟最大蓄水横断面面积,m^2;

A_1——土埂与坡面组成的蓄水面积,m^2;

A_0——蓄水沟横断面面积,m^2;

l——埂沟的总长度,m;

α——地面坡度;

h——蓄水深度,m;

L——水面宽度,m;

m——蓄水沟和土埂的坡比值;

b'——蓄水沟的底宽,m;

H'——蓄水沟的蓄水深度,m。

当 $V \geqslant W$ 时,即符合要求。

【例 4-1】　某沟头集水面积 7.8 hm^2,其中有 1.9 hm^2 已修了水平梯田,沟头处山坡的平均坡度是 9.5°,拟采用沟埂式的沟头防护工程。根据地形条件,第一条埂沟宜布设 250 m 长,相邻埂沟的长度系数为 1.08。(已知 10 年一遇 24 h 的降雨量为 119 mm,径流系数 0.225。)若土埂高 0.8 m,蓄水深度 0.6 m,埂顶宽 0.4 m,边坡 1:1;蓄水沟底宽 0.5 m,深 0.6,边坡 1:1。试设计该工程。

解:计算来水量

$$W = Fh_1\varphi = (7.8 - 1.9) \times 10\,000 \times 0.119 \times 0.225 = 1\,580\ (m^3)$$

计算埂沟单位长度的蓄水量

$$V' = A_0 + A_1 = 0.6 \times (0.5 + 1 \times 0.6) + \frac{1}{2} \times 0.6^2 \times (1 + \cot 9.5°) = 1.92 (\text{m}^3)$$

计算埂沟长度　若 $V = W$ 时，$l = W/V' = 1\,580/1.92 = 823(\text{m})$

计算埂间距　$L = H\cot\alpha = 0.8 \times \cot 9.5° = 4.8(\text{m})$

埂沟的布置　第一条 250(m)；

第二条 $250 \times 1.08 = 270(\text{m})$；

第三条 $270 \times 1.08 = 292(\text{m})$。

三条埂沟的总长度合计为 812 m，为满足埂沟总长度 823 m 的要求，最后取第三条埂沟长 303 m。

若由于地形所限，不能布置多道埂沟时，可加大埂沟断面尺寸，以使蓄水量和设计来水量相平衡。

二、谷坊

谷坊又名防冲坝、沙土坝、闸山沟，是山区沟道内为防止沟床冲刷及泥沙灾害而修筑的横向拦挡建筑物。谷坊是水土流失地区沟道治理的一项主要工程措施。谷坊坝高 3～5 m，拦沙量约 1\,000 m³。在小流域综合治理中，通常将谷坊修筑成梯级的谷坊群以形成一个有机的整体，使其具有最佳的防护功能。

(一)谷坊的作用

支毛沟中修筑谷坊具有以下作用：①固定沟床，抬高侵蚀基准面；②稳定坡脚，防止沟岸坍塌侵蚀；③减缓沟道纵坡，降低流速，减轻山洪、泥石流的危害；④拦蓄泥沙，使沟道逐渐淤平，形成坝阶地，发展生产。

(二)谷坊的种类

谷坊按修筑时所使用的建筑材料可分为土谷坊、石谷坊(干砌石)、柳谷坊、浆砌石谷坊、混凝土谷坊和钢筋混凝土谷坊等。其中，前三种为临时性的谷坊，就地取材，造价低廉，应用较广；后三种为永久性的谷坊，抗冲性好，可在比降大、流速急，尤其是泥石流的沟道采用，但造价较高。通常在铁路、公路、居民点及其他基础设施需要进行特殊保护的山洪、泥石流沟道，选用修筑坚固的永久性谷坊。

谷坊按其透水性可分为透水(如干砌石、插柳谷坊、铅丝石笼谷坊)和不透水(如土谷坊、浆砌石和钢筋混凝土谷坊)两种类型。

谷坊类型的选择取决于地形、地质、建筑材料、经济条件和防护目标等因素，同时往往在一条沟道内连续修筑多座谷坊，形成谷坊群，以达到预期的防护效果。

(三)谷坊设计

1. 位置

谷坊应选择在沟道狭窄、地基坚硬、上游有宽阔平坦的贮沙场所和沟底比降大于 5% 的沟道修筑，并与沟头防护工程、淤地坝等措施相结合，以达到综合控制沟壑侵蚀的目的。

2. 谷坊的断面规格

谷坊断面确定的原则为既要求考虑谷坊稳固省工，又能让坝体充分发挥作用。根据经验,谷坊高度应依建筑材料而定,一般土谷坊不超过5 m,浆砌石谷坊不超过4 m,干砌石谷坊不超过2 m,柴草、柳梢谷坊不超过1 m。常见的土谷坊断面尺寸的最小值见表4-2。

表4-2　土谷坊断面尺寸

坝高（m）	临水坡（内坡）	背水坡（外坡）	坝顶宽（m）	坝脚宽（m）	每米坝长土方（m³）	心墙尺寸（m）			
						上宽	下宽	底宽	高度
1.0	1:1.0	1:1.0	1.0	4.0	3.8	—	—	—	—
2.0	1:1.5	1:1.0	1.0	6.0	7.0	0.8	1.0	0.6	1.5
3.0	1:1.5	1:1.5	1.5	10.0	18.0	0.8	1.0	0.6	2.5
4.0	1:2.0	1:1.5	2.0	16.0	36.0	0.8	1.5	0.7	3.5
5.0	1:2.5	1:2.0	3.0	25.5	71.3	0.8	2.0	0.9	4.5

3.谷坊间距

沟道修筑谷坊时,应连续布设多座谷坊以形成梯级状,使沟道不被水流继续下切冲刷侵蚀。设计时,谷坊的底部要与下游谷坊形成的回淤面齐平(见图4-13)。为使用方便,将不同沟底坡度和不同谷坊高度常用的谷坊间距列于表4-3,供参考查用。

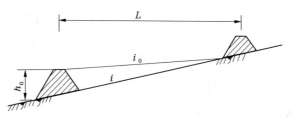

图4-13　谷坊间距示意图

表4-3　不同沟底坡度和不同谷坊高度的谷坊间距　　　　　　（单位:m）

坡度（°）	上谷坊脚与下谷坊顶呈水平			设计坡度为1%		
	谷坊高1 m	谷坊高2 m	谷坊高3 m	谷坊高1 m	谷坊高2 m	谷坊高3 m
5	20.0	40.0	60.0	25.0	50.0	75.0
6	16.7	33.3	50.0	20.0	40.0	60.0
7	14.3	28.6	42.9	16.7	33.3	50.0
8	12.5	25.0	37.5	14.3	28.6	42.9
9	11.1	22.2	33.3	12.5	25.0	37.5
10	10.0	20.0	30.0	11.1	22.2	33.3
11	9.1	18.2	27.3	10.0	20.0	30.0
12	8.3	16.7	25.0	9.1	18.2	27.3
13	7.7	15.4	23.1	8.3	16.7	25.2
14	7.1	14.3	21.4	7.7	15.4	23.1
15	6.7	13.3	20.0	7.1	14.3	21.4
16	6.3	12.5	18.8	6.7	13.3	20.0
17	5.9	11.8	17.6	6.3	12.5	18.8
18	5.6	11.1	16.7	5.9	11.8	17.6
19	5.3	10.5	15.8	5.6	11.1	16.7
20	5.0	10.0	15.0	5.3	10.5	15.8

注:设计坡度是指上一座谷坊脚与下一座谷坊顶层所呈坡度。

谷坊间距按下式计算：

$$L = \frac{h_0}{i - i_0} \qquad (4\text{-}15)$$

式中　h_0——谷坊高度；

　　　i——沟底纵坡坡比值；

　　　i_0——回淤面稳定坡比值。

谷坊淤满之后，淤积泥沙表面不可能绝对水平，而是具有一定的坡度，这个坡度即为稳定坡度(i_0)。其值的大小与淤积的土质有关，沙土为0.005，黏壤土为0.008，黏土为0.01，粗沙兼有卵石子为0.02。

4.溢流口设计

为避免暴雨造成洪水漫顶冲毁谷坊，石谷坊可在谷坊顶部中央留溢水口（见图4-14），土谷坊要在谷坊一端留溢水口（见图4-15）。

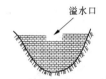

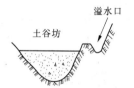

4-14　石谷坊溢水口示意图　　　图4-15　土谷坊溢水口示意图

现将各地拟定的谷坊溢水口断面规格分别列于表4-4和表4-5。

表4-4　黄河中游地区土谷坊溢水口断面规格

| 集水面积（hm^2） | 黄土丘陵区 | | | | 塬地、阶地区 | | | | 土石山区 | |
| | 陇中地区 | | 其他地区 | | 陇东地区 | | 其他地区 | | | |
	水深（m）	底宽（m）	水深（m）	底宽（m）	水深（m）	底宽（m）	水深（m）	底宽（m）	水深（m）	底宽（m）
1.0	0.2	0.3	0.2	0.7	0.3	0.5	0.2	0.6	0.2	0.6
3.0	0.2	1.0	0.3	0.9	0.4	0.8	0.3	0.8	0.3	0.8
5.0	0.3	0.8	0.4	0.7	0.5	0.8	0.4	0.7	0.4	0.7
7.0	0.3	1.0	0.5	0.7	0.6	0.7	0.4	1.0	0.4	1.0
10.0	0.4	1.3	0.6	1.0	0.7	1.2	0.6	1.0	0.6	0.8

注：侧坡坡比为1:1.25，暴雨频率20年一遇。

溢水口应选择在沟岸或谷坊的顶部，在土质松软的沟岸留出的溢水口应有防冲设施，如铺设草皮或用干砌石砌护。

溢水口的断面应保证通过最大的溢水流量，按设计最大洪峰流量计算。断面形式采用矩形或梯形。矩形溢水口用宽顶堰的流量公式设计，梯形用明渠均匀流的流量公式设计。

表 4-5　黄河中游地区石谷坊溢水口断面规格

集水面积（hm²）	黄土丘陵区				塬地、阶地区				土石山区	
	陇中地区		其他地区		陇东地区		其他地区			
	水深（m）	底宽（m）	水深（m）	底宽（m）	水深（m）	底宽（m）	水深（m）	底宽（m）	水深（m）	底宽（m）
1.0	0.2	0.5	0.2	0.9	0.3	0.8	0.2	0.6	0.2	0.6
3.0	0.2	1.2	0.3	1.1	0.4	1.2	0.3	1.1	0.3	1.1
5.0	0.3	1.0	0.4	1.1	0.5	1.2	0.4	1.0	0.4	1.0
7.0	0.3	1.3	0.5	1.1	0.6	1.2	0.5	1.3	0.5	0.9
10.0	0.4	1.6	0.6	1.5	0.7	1.8	0.6	1.5	0.6	1.4

5. 工程量计算（近似式）

V 形沟谷

$$V = \frac{LH}{6}(3b + mH) \tag{4-16}$$

梯形沟谷

$$V = \frac{H}{6}\left[L(3b + mH) + l(3b + 2mH)\right] \tag{4-17}$$

矩形沟谷

$$V = \frac{LH}{2}(2b + mH) \tag{4-18}$$

式中　V——谷坊体积，m³；

　　　L——谷坊坝顶长度，m；

　　　H——谷坊高度，m；

　　　b——谷坊顶宽度，m；

　　　l——梯形沟谷底宽，m；

　　　m——谷坊上下游坡比率总和（如上游坡比为 $1:m_1$，下游坡比为 $1:m_2$，则 $m = m_1 + m_2$）。

三、淤地坝

在沟道内为了拦泥淤地所建的坝，称淤地坝。坝内所淤成的土地即坝地。淤地坝是水土保持治沟工程措施中控制水土流失的最后一道防线，一条沟内修建多座淤地坝是我国水力侵蚀严重地区——黄土高原地区重要而独特的治沟工程体系。淤地坝的主要作用为稳定和抬高侵蚀基准面，防止沟底下切，沟岸扩张；蓄洪、拦泥、削峰，减少入库入河泥沙，减轻下游洪涝灾害；拦泥淤地，变荒沟为良田。淤地坝一般不长期蓄水，下游也无灌溉要求。

（一）组成

淤地坝由坝体、溢洪道和放水建筑物"三大件"组成，布置形式见图 4-16。

1. 坝体

坝体为横拦于沟道的挡水拦泥建筑物，以拦蓄洪水，淤积泥沙，抬高淤积面。随着坝内淤积面的逐年提高，坝体与坝地能较快地连成一个整体，实际上坝体可以看做是一个重力式挡泥(土)墙。

2.溢洪道

溢洪道为排泄洪水的建筑物。当洪水位超过设计高度时,由溢洪道排出,以保证坝体的安全和坝地的正常生产。

3.放水建筑物

放水建筑物一般采用竖井或卧管。卧管一般布置在坝体上游沟坡面上,其上设有多级台阶,台阶上留有排水孔,用于排泄洪水或排放清水以进行灌溉;竖井一般布置在坝内靠近坝体的内侧处,周围设有排水口,用于排泄洪水。卧管或竖井与布置在坝体底部的涵洞连接(涵洞采用埋管或砌筑拱形建设物方式),以便将洪水或清水排至下游。

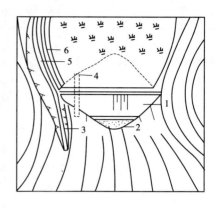

1—坝体;2—排水体;3—溢洪道
4—竖井;5—排水渠;6—防洪堤

图 4-16　淤地坝示意图

淤地坝的三大件由于主要用于拦泥而非长期蓄水,因此淤地坝比水库大坝设计洪水标准低。另外,淤地坝的反滤排水设备是为排除坝内地下水,增加坝体的稳定性和防止坝地的盐碱化而设置的。

(二)淤地坝分类与分级

淤地坝按建筑材料可分为土坝、石坝和土石混合坝;按建筑材料和施工方法可分为碾压坝、水坠坝、水中填土坝、定向爆破坝、干砌石坝、浆砌石坝等;按其用途可分为缓洪骨干坝和拦泥生产坝;按工程结构形式,可分为"三大件"坝和"两大件"坝。

淤地坝多根据库容、坝高、淤地面积、控制流域面积等进行分级。依据《水土保持综合治理　技术规范　沟壑治理工程》(GB/T 16453.3—2008)和《水土保持治沟骨干工程技术规范》(SL 289—2003),结合黄土高原淤地坝建设的实际,可将淤地坝分为大、中、小三级,见表4-6。

表4-6　淤地坝分级标准

分级标准	小型淤地坝	中型淤地坝	大型淤地坝	
			大(二)型	大(一)型
库容(万 m³)	1～10	10～50	50～100	100～500
坝高(m)	5～15	15～25	>25	
控制流域面积(km²)	<1	1～3	3～5	3～8
单坝淤地面积(hm²)	0.2～2	2～7	>7	>10

从表4-6中可知,大型淤地坝(也称治沟骨干坝)可分为大(二)型和大(一)型。由于治沟骨干坝即大型淤地坝具有滞洪、防洪的保安作用,同时在干旱缺水地区有些淤地坝运行前期还具有一定的蓄水作用。因此,也可认为淤地坝是一种水工建筑物。

根据有关水土保持技术规范,淤地坝的等级划分及设计标准应符合国家现行《水利水电工程等级划分及洪水标准》(SL 252—2000)的有关规定,并考虑淤地坝工程的运行特点,按库容规模确定。库容在1万~10万 m³的小型淤地坝和库容在10万~50万 m³的中型淤地坝,不进行等级划分。大型淤地坝可分为两级:总库容在50万~100万 m³的大型淤地坝,其主要建筑物等级为五级;总库容在100万~500万 m³的骨干坝,其主要建筑物等级为四级。淤地坝的等级划分与设计标准见表4-7。

表4-7 淤地坝的等级划分与设计标准

工程类型		小型淤地坝	中型淤地坝	骨干坝	
总库容(万 m³)		1~10	10~50	50~100	100~500
工程等级				五	四
建筑物级别	主要建筑物			5	4
	次要建筑物			5	5
洪水重现期(a)	设计	10~20	20~30	20~30	30~50
	校核	30	50	200~300	300~500
设计淤积年限(a)		5	5~10	10~20	20~30

（三）坝系规划原则与布设

在流域沟道内修有多种坝,如生产坝、防洪坝(拦蓄洪水、泥沙)和蓄水坝等。这些坝体各就其位,能蓄能排,形成以生产坝为主,拦泥、防洪、灌溉相结合的坝库工程体系,即坝系。其目的主要是层层设防,节节拦蓄,综合利用水沙资源。

坝系可分为干系、支系和系组。在某级支沟中的坝系,称为某一级淤地坝支系,干沟上的坝系则为干系。在一条沟道中,视沟的长短可分为一个或几个系组。

坝系通常是以小流域为单元,合理布置骨干坝、小塘坝、中小型淤地坝和小型的拦水工程等,以提高流域整体防洪能力和有效开发与利用流域水土资源。小流域坝系规划既要符合支沟淤地坝规划的总体要求,又要与小流域水土流失综合治理规划相协调。小流域坝系的主要特点如下:

(1)整体性。坝系作为一个整体,应相互配合、联合运行,不同的坝体各自分别承担一部分暴雨洪水的压力,通过相互配合共同构筑沟道防护体系,最大限度地发挥拦泥、防洪和淤地的作用。

(2)层次性。坝系按照功能和作用可分为两大体系,即防洪体系和生产体系。防洪体系是坝系的骨架,是确保下游小多成群淤地坝的正常运行和坝系安全运行的根本保证,主要由承担防洪任务的骨干坝组成;生产体系是坝系的主体,是人们利用坝系发展农业生产的基础条件,主要由中小型淤地坝和小塘坝组成。

小流域坝系规划主要解决的问题是:①坝系布局与建坝密度,包括各类工程的合理位置、数量、配置和相对位置等;②有关技术经济指标,主要为各类工程的坝高、库容等技术经济指标;③建坝时序,即建坝先后顺序及间隔时间。坝系工程应是分阶段逐步投入建设,考虑投资、劳力、经济效益等的综合影响,合理确定骨干坝、中小型淤地坝等各类坝的建坝顺序与进度安排。

1. 坝系规划原则

(1)全面规划,统筹安排。坝系规划必须在流域综合治理规划的基础上,上下游、干支沟全面规划。将坡沟兼治、生物措施和工程措施有机地结合起来,以形成完整的水土保持综合防护体系。

(2)各级坝系,自成体系。各级坝系之间相互配合,调节蓄泄,联合运用,自成体系,确保坝系安全。

(3)确保有一定数量的控制性骨干坝。坝系中必须布设一定数量的控制性骨干坝,使其成为安全生产的中坚工程,以保证坝系安全。

(4)坝系规划应考虑水资源的合理利用。坝系规划中对泉水、基流水源应提出保泉、蓄水利用方案,保证水资源的合理利用。

2. 坝系布设

坝系布设由沟道地形、坝地利用形式以及经济技术上的合理性与可能性等因素来确定。坝系布设主要有以下几种形式:

(1)上淤下种,淤种结合。凡集水面积小、坡面治理较好、洪水来源少的沟道,可采取由沟口到沟头,自下而上分期打坝的形式,当下坝淤满能耕种时,再打上坝拦洪淤地,逐坝向上发展,形成坝系。这种形式上坝以拦洪为主,边拦边种,下坝以生产为主,边种边淤。

(2)上坝生产,下坝拦淤。在流域面积大,治理差,来水量多时,可采取由上而下分期打坝的办法,待上坝淤满利用时,再打下坝滞洪拦淤,由沟头直到沟口逐步形成坝系。其特点是上坝淤成后,从溢洪道的一侧开挖排洪渠,将洪水全部排到下坝拦蓄,淤积泥沙。

(3)支沟滞洪,干沟生产。在已成坝系的干支沟中,干沟坝以生产为主,支沟坝以滞洪为主,干支沟各坝应按区间流域面积分组调节,达到拦、蓄、淤、排和生产的目的。这种坝系调节洪水的办法是:干支沟相邻的 $2 \sim 3$ 座坝作为一组,丰水年时可将滞洪坝容纳不下的多余洪水漫淤生产坝进行调节,保证安全度汛。

(4)坝库相间,清洪分治。在沟道能多淤地的地方打淤地坝,在泉眼集中的地方修水库,因地制宜地布置坝地和水库的位置。具体方法有以下三种:①"拦洪蓄清",水库上游的拦洪坝只建有放水洞而不设溢洪道,拦洪坝采取"留淤放清"的运用方式,将清水放入水库蓄起;②"导洪蓄清",当洪水较大或拦洪坝淤满种植后,洪水必须下泄时,可选择合适的地形,使拦洪坝的排洪渠绕过水库,把洪水导入水库的下游而不进入水库;③"排洪蓄清",当上游无打拦洪坝的条件时,可利用水库汛期排洪,汛后蓄清水。方法是在溢洪道处安装低坎大孔闸门,汛期开门,洪水经水库穿堂而过,把泥沙带走,汛后关闸门蓄清水。

(四)淤地坝设计

1. 淤地坝设计特点

淤地坝在发展当地经济、促进退耕还林还草和减少泥沙危害等方面具有重要的作用。同时淤地坝由于拦泥蓄水,在库区范围形成一定的淹没区域,需要移民和迁建;另外,库区周围地下水位升高,容易造成周边区域土地盐碱化,对耕作造成不利的影响。淤地坝的建设造成了水质、水温、湿度的变化,改变了库区的小气候并可能使附近的生态平衡发生变化。由于淤地坝特殊的拦泥蓄水作用,形成了其特殊的设计特点。

(1)淤地坝的运行功能与水库不同。水库的主要功能是蓄水、灌溉和防洪,而淤地坝则是以拦泥淤地和缓洪为主要目的。因此,在设计中既要满足蓄水要求,更要满足拦泥和淤地的要求,其库容由拦泥库容和滞洪库容两部分组成。

(2)淤地坝单坝设计应考虑坝系布局的整体性、层次性和关联性。淤地坝坝系建坝密度较大,建坝密度常达 1.0~1.5 座/km²,骨干坝与中小型淤地坝的配置比例多为 1:1~1:2。在建设上以小流域为单元,以支沟为骨架,骨干坝和中小型淤地坝相配套,按坝系进行建设,因此各个单坝的设计应满足坝系整体功能的实现。

(3)淤地坝淤积年限短,设计时通常要考虑后期配套加高。如小型淤地坝的淤积年限只有 5 年,中型淤地坝和骨干坝的淤积年限在 10 年左右,考虑经济的承受能力,多为一次设计分期施工。

2. 淤地坝设计准备工作

(1)明确淤地坝规划总体布局方案。根据淤地坝规划总体布局方案选定建筑物的类型,如对规模较大的骨干坝,可拟定不同的形式,以便进行方案比选,最终确定出合理的建筑物类型。

(2)资料准备。收集坝址所在流域 1/10 000 地形图(以备量算淤地坝控制流域面积);收集坝址地质资料及当地地震烈度资料;调查坝址所在流域的水文、气象资料;调查受益区域的社会经济情况;调查坝址所在流域水土流失治理现状;查明坝址附近的筑坝材料;实测 1/5 000~1/2 000 库区地形图,由实测地形图测算沟底比降,并根据库区地形图应用等高线法计算不同高程对应的淤地面积和库容,然后根据相应的数据绘制坝高—库容—淤地面积曲线图,以备确定合理的拦泥坝高和滞洪坝高;实测 1/500 坝址地形图和 1/500~1/100 坝址横断面图,以备布置淤地坝"三大件"或"两大件"平面图和计算修筑坝体总工程量时使用。

3. 坝高设计

淤地坝的库容由拦泥库容和滞洪库容两部分组成,相应于该两部分库容的坝高,即为拦泥坝高和滞洪坝高。

另外,为了保证淤地坝工程和坝地生产的安全,还需增加一部分坝高,称为安全超高。

因此,淤地坝的总坝高(H)由拦泥坝高(H_1)、滞洪坝高(H_z)和安全超高(ΔH)三部分构成。即

$$H = H_1 + H_z + \Delta H \tag{4-19}$$

(1)拦泥坝高(H_1)的确定。拦泥坝高应由拦泥库容确定,拦泥库容(V_1)用下式计算:

$$V_1 = N(S - \Delta S)/\gamma \tag{4-20}$$

式中 N——设计淤积年限,a;

  S——多年平均来沙量,t/a;

  ΔS——年均排沙量,t/a;

  γ——淤积泥沙干容重,一般为 1.3~1.4 t/m³。

注意:在设计拦泥坝高时,还需要分析该坝的坝高—淤地面积—库容关系曲线图,以作出技术、经济方案比较,以较少的筑坝投资获得较大的淤地面积,淤积年限可作为确定

拦泥坝高的重要参数。

（2）滞洪坝高（H_z）的确定。根据不同坝型的洪水设计标准和校核标准,计算洪水总量和洪峰流量,通过进行调洪演算(按单坝或坝系的调洪演算方法进行演算)确定防洪建筑物的规模和尺寸后,确定出滞洪库容(V_z)和相应的滞洪坝高(H_z)。

（3）安全超高（ΔH）的确定。根据有关规范中不同坝型淤地坝的高度来确定。

4.坝体断面设计

（1）坝顶宽度。坝顶宽度与坝高和施工方法有关。坝体越高,坝顶宽度越大;坝高相同时,碾压坝与水坠坝的坝顶宽度有差异。当坝顶无交通要求时,若为碾压坝,当坝高小于 10 m 时,顶宽 2～3 m;若为水坠坝,顶宽应达 3～4 m。当坝顶有交通要求时,应按交通要求确定。常用淤地坝的坝顶宽度值可参考有关技术规范。

（2）上下游坝坡。坝坡取决于坝型、坝高、坝基地质条件、筑坝土料性质和施工方法等方面,可参考已建同类工程的经验数值初步拟定,然后通过抗滑稳定计算选定设计坝坡。不同坝高和不同施工方法分别采取不同的上下游坝坡,可参照有关规范的内容确定。当淤地坝加高改作治沟骨干工程后,由于蓄水时间长,必须作坝体稳定分析,根据满足稳定要求的坝体断面来确定上下游坝坡。具体分析方法参考水工建筑物的相关设计内容。

另外,当坝高超高 20 m 时应设置马道,一般每隔 10 m 坝高设置一道,上陡下缓,相差一个或半个坡级(0.5 或 0.25)。

（3）排水沟。排水沟为坝面永久排水设施,主要排除坝面、坝肩和两岸山坡的降水。在坝体与岸坡结合处设置纵向排水沟,坝顶设坝肩排水沟,在下游马道内侧设横向排水沟,纵横排水沟以及坝肩排水沟相互连通,将水流送出坝脚以外。排水沟采用浆砌石砌筑或混凝土预制板,结构尺寸根据过水流量计算。

（4）结合槽。为增加坝体稳定性,防止土坝与沟底结合面上透水,沿坝轴线方向从沟底到岸坡开挖 1～3 道梯形断面结合槽,底宽和深度均大于 1 m,边坡 1:1。

（5）坝体排水。主要有棱体式反滤排水体和贴坡式反滤排水体两种。可参考相关资料设计。

第三节　拦沙坝

拦沙坝是以拦蓄山洪泥石流沟道中固体物质为主要目的的挡拦建筑物。拦沙坝多建在主沟或较大的支沟内,通常坝高大于 5 m,拦沙量在 0.1 万～100 万 m³,甚至更大。

一、拦沙坝的作用

拦沙坝设置于泥石流形成区或形成区到流过区的沟谷内,是综合治理泥石流危害的一项骨干工程(见图 4-17)。拦沙坝的主要作用是拦蓄泥沙、块石,调节沟道内水沙资源,防止对下游造成危害;提高坝址的侵蚀基准面,减缓坝上游淤积河床比降,加宽河床,减小流速,以削弱水流的侵蚀力;稳定沟岸,减小泥石流的冲刷及冲击力,抑制泥石流的发育规模。

二、坝型

按建筑材料的不同,通常可将拦沙坝分为砌石坝、混合坝、铁丝石笼坝等。

(一)砌石坝

砌石坝可分为浆砌石坝和干砌石坝。

(1)浆砌石坝属重力坝,结构简单,多用于泥石流冲击力强的沟道,这种坝型应用最为普遍。浆砌石坝断面一般为梯形,但为了减少泥石流对坝坡面的磨损,坝下游面也可修成垂直的。在坝顶泥石流溢流的过流断面最好修成弧形或梯形。

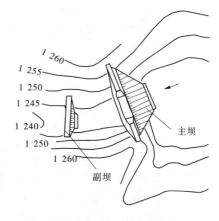

图 4-17 泥石流拦沙坝

(2)干砌石坝只适用于小型山洪沟道,亦为常用的坝型。断面为梯形,坝体系用砖石交错堆砌而成,坝面用大平板或条石砌筑,施工时要求块石上下左右之间相互"咬紧",不容许有松动、脱落的现象出现。

(二)混合坝

混合坝可分为土石混合坝和木石混合坝。

(1)土石混合坝。当坝址附近土料丰富而石料不足时,可选用土石混合型(见图 4-18)。

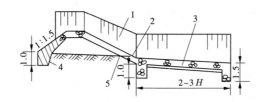

1—浆砌板石坝面;2—排水管;3—砂砾石垫层;
4—红黏土斜墙;5—反滤层

图 4-18 土石混合坝 (单位:m)

坝的断面尺寸,在一般情况下,当坝高为 5 ~ 10 m 时,上游坝坡为 1:1.5 ~ 1:1.75,下游坝坡为 1:2 ~ 1:2.5,坝顶宽为 2 ~ 3 m。

土石混合坝的坝身用土填筑,而坝顶和下游坝面则用浆砌石砌筑。由于土坝渗水后将发生沉陷,因此坝的上游坡必须设置黏土隔水斜墙,坝的下游坡脚应设置排水管,并在其进口处设置反滤层。

(2)木石混合坝。在盛产木材的地区,可采用木石混合坝。木石混合坝的坝身由木框架填石构成。为了防止上游坝面及坝顶被冲毁,常加砌石防护(见图 4-19)。

木石混合坝木框一般用圆木组成,其直径大于 0.1 m,横木的两侧嵌固在砌石体之中,横木与纵木的连接采用扒钉或螺钉紧固。

(三)铁丝石笼坝

铁丝石笼坝适用于小型山沟,在我国西南山区较为多见。它的优点为,修建简易,施

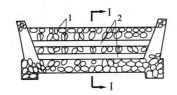 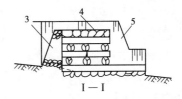

1—纵木直径>0.1 m;2—横木直径>0.1 m;

3—防冲石垛;4—碎石面层0.3~0.4 m;5—砌石护坡

图 4-19　木石混合坝

工迅速,造价低。不足之处是,使用期短,坝的整体性也较差。为了增强石笼的整体性,往往在石笼之间再用铁丝加固。

铁丝石笼坝坝身由铁丝石笼堆砌而成(见图 4-20)。铁丝石笼为箱形,体积为0.5 m×1.0 m×3.0 m,棱角边采用直径12~14 mm 的钢盘焊制而成,编制网孔的铁丝常用10 号铁丝。

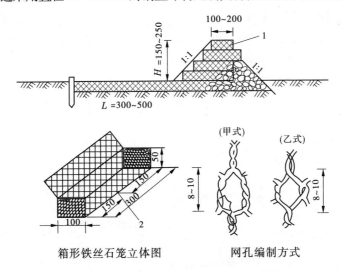

箱形铁丝石笼立体图　　网孔编制方式

1—铁丝笼装石;2—钢筋箍

图 4-20　铁丝石笼坝　(单位:cm)

三、坝高与拦沙量的确定

(一)拦沙坝坝高的确定

拦沙坝的高度应综合考虑下列条件来决定。①坝址处地基及岸坡的地质条件;②坝址处地形条件;③拦沙坝的设计目标;④合理的经济技术指标,主要是坝高与拦淤库容的关系,坝高愈高,拦沙愈多,并能更有效地利用回淤来稳定上游滑坡崩塌体,每立方米坝体平均拦沙量是鉴别拦沙效益的重要指标;⑤坝下消能设施。过坝山洪及泥石流的坝下消能设施费用随坝高的增加而增加,为此在满足设计目标的前提下,一般以不修高坝为好。

根据拦沙坝的高度,可将拦沙坝分为三类。

小型拦沙坝:坝高5~10 m

中型拦沙坝:坝高10~15 m

大型拦沙坝：坝高 > 15 m

（二）拦沙量计算

对坝高已定的拦沙坝，其拦沙量的计算可按下列步骤进行：

（1）绘出沟道纵断面图。在方格纸上绘出坝址以上沟道纵断面图，并按山洪或泥石流固体物质的回淤特点，画出回淤线。

（2）测绘横断面图。在库区回淤范围内，每隔一定间距测绘横断面图。

（3）计算淤积面积。根据横断面图的位置及回淤线，求算出每个横断面的淤积面积。

（4）求出相邻两断面之间的体积。计算公式如下：

$$V = \frac{\omega_1 + \omega_2}{2}L \tag{4-21}$$

式中　V——相邻两横断面之间的体积，m^3；

　　　ω_1、ω_2——相邻横断面面积，m^2；

　　　L——相邻横断面之间的水平距离，m。

将各部分体积相加，即为拦沙坝的拦沙量。

推求拦沙量还可根据下式计算：

$$V = \frac{1}{2}\frac{mn}{m-n}bh^2 \tag{4-22}$$

式中　V——拦沙量，m^3；

　　　b、h——拦沙坝堆沙段平均宽度、高度，m；

　　　$1/n$——原沟床纵坡比降；

　　　$1/m$——堆沙区表面比降。

当堆沙表面比降采用原沟床比降 1/2 时，$m = 2n$，则 $V = nbh^2$。

四、拦沙坝的断面设计

拦沙坝断面设计的任务是确定既符合经济要求又保证安全的断面尺寸。在此重点介绍断面轮廓的初步尺寸拟定、坝体的稳定和应力计算。

（一）断面轮廓尺寸的初步拟定

坝的断面轮廓尺寸包括坝高、坝顶宽度、坝底宽度以及上下游边坡等，见表 4-8。

表 4-8　浆砌石坝断面轮廓尺寸

坝高 （m）	坝顶宽度 （m）	坝底宽度 （m）	坝坡	
			上游	下游
3	1.2	4.2	1:0.6	1:0.4
4	1.5	6.3	1:0.7	1:0.5
5	2.0	9.0	1:0.8	1:0.6
8	2.5	16.9	1:1.0	1:0.8
10	3.0	20.5	1:1.0	1:0.8

表 4-8 提出的规格是指建在岩石基础上的溢流坝。当在松散的堆积层上建坝时，由

于基底的摩擦系数小,必须用增加垂直荷重的方法来增加摩擦力,以保证坝体抗滑稳定性。增加垂直荷重的办法,是将坝底宽度加大,这样不仅可以增加坝体重量,而且还能利用上游面的淤积物作为垂直荷重。

(二)坝体的稳定与应力计算

拦沙坝在外力作用下遭到破坏,有以下三种情况:①坝基摩擦力不足以抵抗水平推力,因而发生滑动破坏;②在水平推力和坝下渗透压力的作用下,坝体绕下游坝趾的倾覆破坏;③坝体强度不足以抵抗相应的应力,发生拉裂或压碎。在设计时,由于不允许坝内产生拉应力,或者只允许产生极小的拉应力,因此对于坝体的倾覆稳定,通常不必进行核算。坝体稳定计算,主要指抗滑稳定计算。

首先根据初步拟定的断面尺寸,计算坝体各作用力的大小,然后进行稳定计算和应力计算,以保证坝体在外力作用下不至于遭到破坏。

1. 作用力计算

作用在单位坝长的力,按其性质不同可分为坝体自重、坝上游面的淤积物重、坝前水沙压力、泥石流冲击力以及坝基扬压力等(见图4-21)。

(1)坝体重力:

$$G_1 = A\gamma_d b \qquad (4\text{-}23)$$

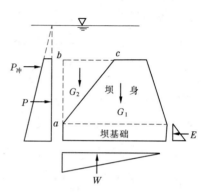

图4-21 作用力示意图

式中 G_1——坝体重力,t;

A——坝体横断面面积,m^2;

γ_d——坝体容重,t/m^3(见表4-9);

b——单位宽度,$b = 1$ m。

表4-9 浆砌石坝体容重

砌体类型	石料	容重(t/m^3)
浆砌料石	花岗岩 砂岩 石灰岩	1.7 2.6 2.5
浆砌片石或块石	花岗岩 砂岩 石灰岩	2.4 2.3 2.2
干砌片石或块石	花岗岩 砂岩 石灰岩	2.2 2.1 2.0

(2)淤积物重量。作用在坝体上游面上的淤积物重量等于淤积体积乘以淤积物容重。

(3)水压力:

$$P = \frac{1}{2}\gamma h^2 b \qquad (4\text{-}24)$$

式中 P——静水压力,t;

γ——水的容重,t/m³,取1;

h——坝前水深,m。

（4）泥沙压力。坝前泥沙压力可按散体土压力公式计算:

$$P_{泥} = \frac{1}{2}\gamma_c H^2 \tan^2\left(45° - \frac{\varphi}{2}\right)b \qquad (4\text{-}25)$$

式中 $P_{泥}$——坝前泥沙压力,t;

b——单位宽度,$b = 1$ m;

γ_c——堆沙容重,t/m³;

H——坝前淤积物的高度,m;

φ——淤积物的内摩擦角,它与堆沙容重有关,用公式表示为:

$$\varphi = 7.24(\gamma_c - 1)^{5.82}$$

为了应用方便,将 φ—r_c 值列于表4-10中。

表4-10 φ—γ_c 值

γ_c(t/m³)	1.3	1.4	1.5	1.6	1.7	1.8
φ(°)	0.006 6	0.035	0.129	0.372	0.91	2.00
γ_c(t/m³)	1.9	2.0	2.1	2.2	2.3	
φ(°)	3.90	7.24	12.9	20.9	33.3	

作用在下游坝基上的泥沙压力为被动土压力,可用下列公式计算:

$$E = \frac{1}{2}\gamma_c H_1^2 \tan^2\left(45° + \frac{\varphi}{2}\right)b \qquad (4\text{-}26)$$

式中 E——被动土压力,t;

H_1——坝基础深度,m;

其余符号含义同上。

（5）坝基扬压力。主要为渗透压力,即由于水在坝基中渗透所产生的压力。当坝体是实体坝,而又无排水的条件下,下游边缘的渗透压力为0,上游边缘的渗透压力为:

$$W_{\varphi} = \frac{1}{2}\gamma HB\alpha_1 b \qquad (4\text{-}27)$$

式中 W_{φ}——渗透压力,t;

B——坝底宽度,m;

γ——水的容重,t/m³;

b——单位宽度,$b = 1$ m;

H——坝高,m;

α_1——基础接触面积系数,取 $\alpha_1 = 1$。

（6）泥石流冲击力。即泥石流的动压力,计算公式如下:

$$P_{冲} = K\rho v_c^2 \sin\alpha \qquad (4\text{-}28)$$

式中 $P_冲$——泥石流冲击力，t/m^2；

K——泥石流动压力系数，决定于龙头特性，一般取 1.3，根据云南省东川蒋家沟实测资料分析，$K = 2.5 \sim 4.0$；

ρ——泥石流的密度，$\rho = \dfrac{\gamma_c}{g}$；

γ_c——泥石流容重，t/m^3；

g——重力加速度，为 $9.81 m/s^2$；

v_c——泥石流流速，m/s；

α——泥石流流向与坝轴线的交角，$(°)$。

（7）地震力。在地震区大型拦沙坝的设计应考虑地震力的作用。地震力的作用主要考虑水平地震惯性力及地震泥沙压力。

水平地震惯性力由下式计算：

$$S = K_e \alpha \beta G \tag{4-29}$$

式中 S——水平地震惯性力，t；

K_e——地震系数，当地震烈度为 7、8、9 度时，K_e 值分别为 0.025、0.05、0.10；

α——建筑物的惯性分布指数，$\alpha = 1.0 + 1.5\dfrac{y}{H}$；

y——断面重心至坝基的高度，m；

H——坝高，m；

β——地基对惯性力的影响系数，砂砾质沟床 β 约为 1.5；

G——单位长度坝体重，t。

地震泥沙压力指在地震作用下，库内淤积物的内摩擦角要减小一定角度（如 7~8 度地震时减小 $3° \sim 5°$，9 度地震时减小 $6°$），因而相对地增加了一部分泥沙压力。在这种情况下，地震泥沙压力：

$$Q_c = (1 + 2K_e \tan\varphi)P_泥 \tag{4-30}$$

式中 Q_c——地震作用下的泥沙压力，t；

φ——淤积物的内摩擦角；

K_e、$P_泥$ 含义分别同式（4-29）和式（4-25）。

2. 坝体抗滑稳定计算

坝体是否滑动，主要取决于坝体本身重量在地面上所产生的摩擦力大小。如果摩擦力大于水平推力，则坝不会滑动。坝体抗滑稳定计算公式：

$$K_s = \frac{f \cdot N}{P} \tag{4-31}$$

式中 K_s——抗滑稳定安全系数，要求 $K_s = 1.0 \sim 1.5$；

N——坝体垂直力的总和，向下为正，向上为负；

P——坝体水平作用力的总和，向下游为正，向上游为负；

f——坝体与基础的摩擦系数，对于浆砌石坝或混凝土坝可以采用下列数值：火成岩 $f = 0.65 \sim 0.75$，石灰岩及砂岩 $f = 0.5 \sim 0.65$，板岩、泥岩 $f = 0.30 \sim 0.50$。

3. 坝基应力计算

对于浆砌石,拦沙坝的压应力不是控制的因素。但是浆砌石坝(包括混凝土坝)的抗拉强度很低,如果坝体上游面出现拉应力则容易产生裂缝,水流渗入裂隙,影响坝体强度。因此,在浆砌石坝设计时,不容许使坝体上游面出现拉应力。如果坝脚上下游垂直应力不超过允许值就认为满足强度要求。

上游面应力:

$$\sigma_{上} = \frac{N}{b}\left(1 - \frac{6e}{b}\right) \tag{4-32}$$

下游面应力:

$$\sigma_{下} = \frac{N}{b}\left(1 + \frac{6e}{b}\right) \tag{4-33}$$

式中　$\sigma_{上}$——上游面坝基应力,kg/cm^2,当 $\sigma_{上} > 0$ 时,不产生拉应力;

　　　$\sigma_{下}$——下游面的坝基应力,kg/cm^2;

　　　b——坝底宽,m;

　　　e——合力作用点至坝底中心点的距离,m,$e = \frac{M}{N}$,当 $e \leqslant \frac{b}{6}$ 时,坝体不会产生拉应力;

　　　M——所有作用在坝上的各力对坝底中心点力矩的代数和,t·m,顺时针为负,逆时针为正;

　　　N——坝体垂直力的总和,向下为正,向上为负。

当坝基埋深在 3 m 以内时,地基允许承载力(σ)参考表 4-11 确定。

表 4-11　地基容许承载力

土壤名称	容许承载力(kg/cm^2)
泥石流堆积扇砾质沙土	2
孔隙为沙充填的碎石和卵石	6
由结晶岩碎块组成的角砾或砾石	5
由沉积碎块组成的角砾或砾石	3
任何含水量的沙砾和粗沙	3.5 ~ 4.5

【例 4-2】　某拦沙坝坝高 5 m,基础埋深 2 m,初步拟定上游坡 1∶0.8,下游坡 1∶0.6,坝顶宽 2 m。采用浆砌块石砌筑,砌体容重为 2.3 t/m^3,坝体与基础之间的摩擦系数 f 为 0.5,地基容许承载力(σ)为 2.0 kg/cm^2。泥石流容重和坝前淤积物的容重均为 2.2 t/m^3,淤积物的内摩擦角 φ 为 21°,宣泄设计流量时坝顶泥深 3 m,不考虑地震影响。试求坝的抗滑稳定系数和坝基应力。

解:坝体作用力计算简图见图 4-22。

(1)坝的作用力(以 1 m 坝长计算)。

自重:

$$G_1 = 10 \times 2 \times 2.3 = 46(t)(\downarrow)$$

$$G_2 = \frac{1}{2} \times 3.0 \times 5 \times 2.3 = 17.25(t)(\downarrow)$$

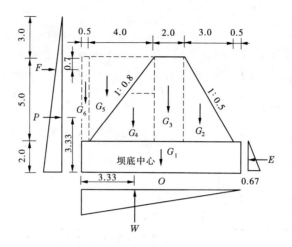

图 4-22 坝体稳定计算简图 （单位:m）

$$G_3 = 2 \times 5 \times 2.3 = 23(\text{t})(\downarrow)$$

$$G_4 = \frac{1}{2} \times 4 \times 5 \times 2.3 = 23(\text{t})(\downarrow)$$

坝上游淤积物重:

$$G_5 = \frac{1}{2} \times 4 \times 5 \times 2.2 = 22(\text{t})(\downarrow)$$

$$G_6 = 0.5 \times 5 \times 2.2 = 5.5(\text{t})(\downarrow)$$

泥沙压力:

$$P_{泥} = \frac{1}{2} \times 2.2 \times 10^2 \times \tan^2\left(45° - \frac{21°}{2}\right) = 51.7(\text{t})(\rightarrow)$$

其合力作用点在基底以上的 $1/3 \times 10 = 3.33(\text{m})$ 处。

若根据野外调查,本例泥石流流向与坝轴直角相交,泥石流的龙头高度为1.4 m,流速为6 m/s。最不利的工作情况是,冲击力作用在溢流口坝面以下1.4 m处。泥石流动压力系数取3.5。

泥石流的冲击力:

$$P_{冲} = 3.5 \times \frac{2.2}{9.81} \times 6^2 \times \sin90° = 28.3(\text{t/m}^2)$$

化为集中力:

$$F_{冲} = 28.3 \times 1.4 \times 1 = 39.6(\text{t})(\rightarrow)$$

其作用点,溢流口坝面以下 $\frac{1}{2} \times 1.4 = 0.7(\text{m})$ 处。

下游坝基土压力:

$$E = \frac{1}{2} \times 2.2 \times 2^2 \times \tan^2\left(45° + \frac{21°}{2}\right) = 9.3(\text{t})(\leftarrow)$$

其合力作用点在下游基底以上 $1/3 \times 2 = 0.67(\text{m})$ 处。

坝基渗透压力:

$$W_\varphi = \frac{1}{2} \times 1 \times 7 \times 10 \times 1 = 35(t)(\uparrow)$$

其合力作用点在离上游边缘的 $1/3 \times 10 = 3.33(m)$ 处。

作用力组合:当拦沙坝宣泄设计流量时,除冲击力可以不予考虑外,其余各力均为设计最不利情况的作用力。

(2)坝体抗滑稳定计算

$$K_s = \frac{0.5 \times (46 + 17.25 + 23 + 23 + 22 + 5.5 - 35)}{51.7 - 9.3} = 1.20$$

$K_s > 1.05$,能满足抗滑稳定要求。

(3)坝基应力计算。作用在坝上的各力对断面中心点 O 的力矩见表4-12。

表4-12　力矩计算

荷载	力(t)		对断面中心 O 点的力臂 (m)	对断面中心 O 点的力矩 (t·m)
	垂直	水平		
G_1	+46.00(↓)		0	0
G_2	+17.25(↓)		2.50	−43.14↙
G_3	+23.00(↓)		0.50	−11.50↙
G_4	+23.00(↓)		1.83	+42.09↘
G_5	+22.00(↓)		3.17	+69.74↘
G_6	+5.5(↓)		4.75	+26.13↘
W_φ	−35.00(↑)		1.67	−58.45↙
$P_泥$		−51.70(→)	3.33	−172.16↙
E		+9.30(←)	0.67	+6.23↘
合计	+101.75(↓)	−42.40(→)		−141.05↙

注:垂直力正方向(↓),负方向(↑);水平力正方向(←),负方向(→);力矩正方向(↘),负方向(↙)。

合力的偏心距:

$$e = \frac{M}{N} = \frac{141.05}{101.75} = 1.39(m)$$

$$e < \frac{b}{6} = \frac{10}{6} = 1.67(m)$$

下游面地基的强度计算:

$$\sigma_下 = \frac{101.75}{10} \times \left(1 + \frac{6 \times 1.39}{10}\right) = 18.7(t/m^2) = 1.87\ kg/cm^2$$

$\sigma_下 < [\sigma] = 2.0\ kg/cm^2$。

上游面不产生拉应力验算:

$$\sigma_上 = \frac{101.75}{10} \times \left(1 - \frac{6 \times 1.39}{10}\right) = 1.69(t/m^2) = 0.169\ kg/cm^2$$

$\sigma_上 > 0$,不产生拉应力。

通过上述计算,设计拦沙坝的断面既能满足抗滑稳定要求,又能满足坝基应力要求,因此坝体是安全可靠的。

第四节　山洪及泥石流排导工程

山洪及泥石流排导工程虽不能直接根治其灾害,但作为一种防御手段是极其重要的工程措施。排导工程的作用是改善山洪或泥石流在冲击扇上的流速和流向,使其在规定的流路内畅通排泄,防止山洪或泥石流在冲击扇上改道漫流,造成泥沙灾害。在此主要了解排导沟和沉沙场的布设特点。

一、排导沟的平面形式

为使排导沟顺畅地排泄泥石流,应尽可能选择较大的设计纵坡。因此,按当地的地形、地物条件选好排导沟平面位置就显得十分重要。排导沟的平面布置形态大致有四种:直线形、曲线形、喇叭收缩形和扩散形(见图4-23)。

(1)直线形。直线形排导沟是从山口沟岸泥石流堆积扇顶处直通主河,中间无转折,断面均一不变的一种排导沟。

(2)曲线形。因地形条件限制,或为保护某一建筑物而将排导沟绕道成弧线或中间有转折的平面形态。如为保护兰州市区的大洪沟泥石流排导沟,即为曲线形。

(3)喇叭收缩形。平面形态为上宽下窄的排导沟。上面的八字段是为了停积大石块或汇集几条支沟的泥石流集中排导,也有的是因天然沟口太宽而被迫修成喇叭口。甘肃武都火烧沟泥石流排导沟即属喇叭收缩形。

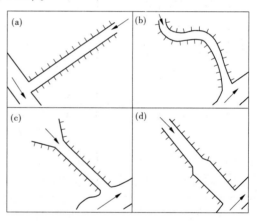

(a)直线形;(b)曲线形;(c)喇叭收缩形;(d)扩散形

图4-23　排导沟平面布置示意图

(4)扩散形。沟道上窄下宽的排导沟。云南东川大桥河排导沟,上段宽10 m,下段宽15 m,即属扩散形。

上述四种形态的排导沟在实际中多为几种形式组合使用,排导沟因泥石流性质,地形地物条件的不同及修建目标的差异特色各异。

二、排导沟的类型

根据挖填方式和建筑材料的不同,排导沟可分3种类型:挖填排导沟、三合土排导沟和浆砌块石排导沟。采用哪一种类型,应考虑沟道的特性。

(1)挖填排导沟。挖填排导沟是冲积扇上按设计断面开挖或填方修筑起来的排导沟,其断面形式有梯形断面、复式断面和弧形断面三种形式。新开挖的排导沟,排泄流量不大者,多采用梯形断面;流量较大者则采用复式断面和弧形断面。

挖填排导沟具有结构简单、就地取材、易于施工、节省投资等优点。在泥石流沟道的冲积扇上可采用这种类型。

(2)三合土排导沟。排导沟的土堤系以土、砂和石灰(比例为 6:3:1)的混合物,分层填筑,夯实而成。三合土的内坡一般为 1:0.5 ~ 1:1.0,外坡为 1:0.3 ~ 1:0.75。堤顶宽度 1.0 ~ 1.5 m,若有行车要求时,则根据通行车型确定。

三合土排导沟适用于山洪沟道。

(3)浆砌块石排导沟。浆砌石衬砌的方式有两种:一种是边坡衬砌,另一种是边坡与沟底均衬砌(见图 4-24)。浆砌块石衬砌多用于半挖半填的排导沟中,衬砌厚度一般为 0.3 ~ 0.5 m,这样既经济又安全。浆砌块石排导沟适合排泄冲刷力强的山洪。

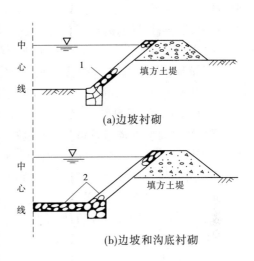

1—浆砌块石护坡;2—浆砌块石护底护坡

图 4-24　浆砌块石排导沟的衬砌方式

三、排导沟的防淤措施

排导沟要保证排泄顺畅,既不淤积,又不冲刷,为了防治淤积应注意以下几点:

(1)修建沉沙场。泥石流进入排导沟后,若由于沟内洪水很小,很容易将固体物质淤积在排导沟中。针对这种情况,最好在冲积扇上修筑沉沙场。

(2)选择合适纵坡。排导沟是否发生冲淤与其纵坡大小关系密切。根据各地经验,暴发山洪的沟道,流体容重小于 1.5 t/m³ 时,纵坡为 3.0% ~ 4.0%;若流体容重大于 1.5 t/m³ 时,纵坡宜为 4.0% ~ 15.0%,泥石流容重愈大,则纵坡愈大。此外,还应考虑固体物质体积的大小,体积愈大,纵坡应愈大。

(3)合理选择沟底宽度。除纵坡外,底宽也是影响冲淤的因素之一,底宽过大,泥石流的流速就变小,固体物质容易在沟道中淤积。排导沟的底宽,可根据当地调查资料分析确定,或采用当地已有的经验公式计算确定。

(4)排导沟的出口衔接。排导沟与大河衔接时,除了应注意平面布置外,应保证出口标高高于同频率的大河水位,至少也要高出 20 年一遇的大河洪水位。与低洼地衔接时,也应注意出口和低洼地之间的高差不能过小。

四、沉沙场的布设与结构

沉沙场的作用主要是拦蓄沙石。在严重风化地区、严重地震区以及坡面重力侵蚀严重发生的区域,山洪中可能挟带沙石很多,可在坡度较缓的冲积扇上修筑沉沙场,以减少排导沟的淤积。

(一)沉沙场规划布置

沉沙场的规划应考虑以下几方面的内容:

（1）山坡陡峻、坡面侵蚀作用强烈的沟道，山洪中可能挟带很多泥沙，在这类沟道中除修筑拦沙坝外，还可修筑沉沙场。

（2）沉沙场可选在坡度较小的沟段修筑。在沟道坡度变化的转折点以下，当沟道较宽、流速减小时，可减少山洪对沙石的推移力，从而促进沙石淤积下来。沉沙场也可设在沟道出山谷后的冲积扇上。

（3）沉积区修筑沉沙场。泥石流固体物质含量高，淤积作用强烈，特别是在沟道的局部地段，淤积物沉积后很可能造成沟底高于两岸的田地和房舍。因此，为防止沟道淤积物危及农田、房舍，这样的沟道可在沉积区设置沉沙场。

（4）合理利用沉沙场。沉沙场被淤满沙石后可另选场地设置新的沉沙场，但在缺乏修筑新场地的地形条件下，需要清挖已淤积的沙石。因此，在选择沉沙场的位置时，应选择开挖沙石易于运出的地点。在不能与现在道路连接的地点修筑沉沙场时，则应规划运输道路。

（二）沉沙场的结构

沉沙场最简单的构造是将沟道宽度扩大，沟岸采用普通砌石工程、木桩编栅、种草皮等护岸工程加以防护。在沉沙场的入口与出口处，都要修筑横向建筑物（如坝、堰、护底工程等），并使沉沙场以外沟道的上、下游大致维持沟床的原有高程。

沉沙场的入口部分，如果急剧扩大，即转角很大时，则因水流急剧扩散，能量及流速急剧下降，沙石沉积很剧烈。泥石堵塞后即逆向上游沉积，堵塞沟道，使沉沙场以上的沟道过水断面减少，引起洪水泛滥。因此，应当注意不宜使转角过大。转角应根据沟道情况、施工位置等来决定，根据经验多为30°左右。

沉沙场形式很多，常见的为两种：①沟道中央做三角墩。在沟道中央做三角墩，沟道两岸做短丁坝（见图4-25），以控制山洪、泥石流的流速，促进泥沙沉积；②加宽沟道。加宽沟道部分约为原沟道宽度的2倍，再在两岸作短丁坝（见图4-26），以调节山洪、泥石流的流速，促使固体物质沉积。

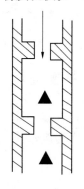

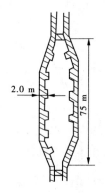

图 4-25　沉沙场方案之一　　　　图 4-26　沉沙场方案之二

思考题

4-1　台阶式梯田可分为哪几类？其特点各是什么？

4-2 绘出水平梯田断面要素示意图。

4-3 某流域适宜修筑水平梯田的总面积为 12 hm^2,地面平均坡度为 18°。根据当地土质条件,修筑水平梯田的田坎最大高度为 2 m,田坎外侧坡度为 72°。试计算修筑该水平梯田田面的净宽、总工程量及土地利用率分别是多少?

4-4 某丘陵沟壑区,24 h 的最大降雨量为 95 mm,径流系数为 0.35。若集水面积为 1.2 hm^2,通过修筑集雨工程水窖进行蓄水,水窖的最大蓄水深度 4.5 m,窖底直径为 2 m,散盘处直径为 3.5 m。试确定该设计标准条件下需要修筑的水窖座数。

4-5 挡墙、抗滑桩和削坡的主要作用各是什么?

4-6 谷坊的主要作用是什么? 谷坊按建筑材料的不同,可分为哪几类?

4-7 某 V 形沟谷,沟底纵坡为 10°,宜在 300 m 范围内修筑土谷坊,适宜修筑谷坊的高度为 4 m,淤积物回淤面的坡比值为 0.005,谷坊顶平均长度为 30 m。试确定该沟道修筑谷坊时的间距、谷坊座数、谷坊顶宽、谷坊临水坡、背水坡的坡比及总工程量分别是多少?

4-8 淤地坝及淤地坝"三大件"的作用各是什么?

4-9 简述淤地坝分类的依据。

4-10 坝系布设的形式有哪几种? 应如何做到"清洪分治"?

4-11 拦沙坝和淤地坝的作用有何区别? 如何确定拦沙坝的坝高?

4-12 山洪排导沟典型的平面布设形态有哪几种? 应怎样预防排导沟被淤积?

第五章　水土保持规划

第一节　概　述

一、水土保持规划的概念及意义

水土保持规划是为了防治水土流失,做好国土整治,合理开发利用并保护水土及生物资源,改善生态环境,促进农、林、牧生产和经济发展,根据土壤侵蚀规律、自然和社会经济条件,应用水土保持原理、生态学原理和经济规律,制定的水土保持综合治理开发的总体部署和实施安排。

《水土保持法》规定,县级以上人民政府应当将水土保持规划确定的任务,纳入国民经济和社会发展规划,安排专项资金,组织实施。水土保持规划的修改,须经原批准机关批准,这样从法律上确立了水土保持规划的地位。

水土保持规划的基本任务是根据国民经济的建设方针、国家规定的水土保持发展目标以及规划范围内的条件和特点,按照自然规律和社会经济规律,提出一定时期内预防、监督、治理、开发的方向和任务,以及需要采取的主要防治措施和分期实施步骤,以指导水土保持工作的开展。

水土保持规划,是科学指导水土保持综合治理工作的指南。通过规划确保在资源利用方面,合理开发利用水土资源并有效地对资源及防治措施进行综合配置,从整体上保持流域或区域系统内的经济、资源和环境之间的动态平衡关系,使流域或区域系统能够保持持续、稳定和高效的运行状态。

水土保持规划根据规划区域范围的大小,可分为大面积的总体规划和中小面积的实施规划。

(一)大面积的总体规划

以流域或其主要的一级支流,或以省、地区为单元,面积从几千到几十万平方千米。其主要任务是:在综合考察和水土保持区划的基础上,结合不同类型区的资源、社会经济情况和水土流失特点,提出水土资源保护和开发利用方向、主要措施、宏观布局以及预防保护和治理的重点地区与重点开发项目,明确开展预防保护和治理的基本步骤、进度和所需劳力、经费、物资等指标,论证规划的可行性,预测可能获得的水土保持效益。

一般在大面积规划中,实行分区重点防治的部署。根据规划区内不同部位的水土流失特点,按以下条件分别确定防治水土流失的重点地区:

(1)重点预防保护区。将天然林草覆盖度较大、水土流失较轻的区域或已经过大面积治理的区域,确定为重点预防保护区。

(2)重点监督区。将资源开发和基本建设较集中、因人为破坏而新增水土流失严重的区域,确定为重点监督区。

(3)重点治理区。将自然侵蚀与人为加速侵蚀十分严重,且对当地和下游造成严重危害的区域,确定为重点治理区。

(二)中小面积的实施规划

中小面积实施规划的对象是二级支流及小流域或以县、乡、村为单位,面积从几平方千米到几千平方千米。主要任务是:根据大面积总体规划,结合当地经济发展的实际情况,合理调整土地利用结构和农村产业结构,确定农、林、牧业生产用地的比例和位置及各项水土保持措施的配置,并明确技术要求;安排各项措施的实施顺序、进度和所需劳力、经费及物资,预测可能取得的水土保持效益。

二、水土保持规划的基本原则

(1)全面规划,综合防治。对规划区域内的水土保持工作进行全面规划,规划内容包括预防保护、监督管理、综合治理、监测监控和科学示范等,不能成为单一的治理规划。

(2)因地制宜,区别对待。大面积的总体规划,地区分布较广,条件差异较大,需根据水土保持区划中所分的类型区,分别研究、确定不同的土地利用方向、预防保护和治理措施布局,采取不同的技术经济指标。中小面积的实施规划,在大面积总体规划指导下,根据小流域的上、中、下游等不同部位、不同情况区别对待。

(3)统筹兼顾、协调平衡。水土保持规划要与国家、地区的经济社会发展规划、土地利用规划、生态建设规划、环境保护规划等相适应,与部门发展规划相协调,将"三大措施"、生态修复、预防保护与开发利用相结合,经济效益、社会效益和生态效益相结合。

(4)坡沟兼治、综合治理。以小流域为单元,从分水岭到坡脚,从沟头到沟口,根据不同的水土流失部位,采取不同的林草与工程相结合的防治措施,构成一个综合完整的防护体系,从根本上防治水土流失。

三、水土保持规划的作用

水土保持规划是合理开发利用水土资源的主要依据,也是农业生产区划和国土整治规划的重要组成部分。其作用是为了指导水土保持实践,使控制水土流失和水土保持工作按照自然规律和社会经济规律进行,避免盲目性。具体作用体现在以下几个方面。

(一)调整土地利用结构,合理利用水土资源

我国一些山地丘陵区,广种薄收,单一农业经营十分普遍,这种不合理的土地利用是造成水土流失和人民生活贫困的主要原因之一。通过合理的规划,对原来不合理的土地利用进行有计划的调整,改变单一的农业生产结构,恰当地安排农林牧业生产用地比例,变广种薄收、单一经营为少种高产多收的农林牧副综合发展,从而达到合理利用水土资源的目的。

(二)确定合理的治理措施,有效开展水土保持工作

由于水土保持综合治理涉及面较广、工作量较大、开展时间较长,需要采取综合措施,而且各项措施、多种因素相互关系复杂,要经过一定的分析、计算、预测、评价。因此,要做好水土保持的防治工作,就必须制定科学的规划。通过规划,可确定采取的各项水土保持

治理措施,包括工程措施、林草措施、农业耕作措施,如梯田、坝库、林草、沟垄种植等的科学布局、建设规模和发展速度等。特别要处理好治坡与治沟的关系,上游和下游的关系,工程、林草、农业耕作三大措施之间的关系,以及工程措施与林草措施的配套、治理和管护。因此,必须研究制定科学的水土保持规划,协调处理好上述这些关系,使水土保持措施得以顺利实施。

（三）制定改变农业生产结构的实施办法和有效途径

水土保持是一项涉及自然科学和社会科学的系统工程。因此,必须通过规划,根据客观的自然规律和社会经济规律,采取建设高产稳产的基本农田等有效措施,推进退耕还林还草工程的实施。在解决群众温饱问题的基础上,使生态环境的改善和群众需要解决的生产生活问题相协调。

（四）合理安排各项治理措施,保证水土保持工作的顺利进行

对于规划中的各项任务,应注意协调各项措施的关系,包括施工季节和年进度安排,使各项措施相互促进。

（五）分析和估算水土保持效益,调动群众积极性

治理水土流失、开展水土保持工作,其根本目的就是要改变山丘区贫穷落后面貌,增加群众收入,同时改善生态环境,提高生境质量。如在经济效益方面,实施各项水土保持措施后,在提高粮食产量、增加现金收入、改变群众贫困面貌等方面能达到什么程度,以调动群众治理水土流失的积极性。水土保持防洪、减沙效益的估算,还可为大中流域的开发治理和各项水利工程建设的规划设计提供科学依据。

第二节　水土保持规划的内容与程序

一、水土保持规划的内容

根据《水土保持规划编制规程》(SL 335—2006)规定,水土保持规划的内容包括:①开展综合调查和资料的整理分析;②研究规划区水土流失状况、成因和规律;③划分水土流失类型区;④拟订水土流失防治目标、指导思想、原则;⑤因地制宜地提出防治措施;⑥拟订规划实施进度,明确近期安排;⑦估算规划实施所需的投资;⑧预测规划实施后的综合效益并进行经济评价;⑨提出规划实施的组织管理措施。

二、水土保持规划的程序

水土保持规划的程序主要包括以下几个部分。

（一）准备工作

(1)组织综合性规划小组。

(2)制定工作计划。

(3)制定规划提纲。

(4)培训技术人员。

此外,进行水土保持规划除要做好思想准备、组织准备、仪器装备准备和技术培训外,大量的工作是资料方面的准备。要根据规划范围大小收集相应比例尺的地形图、航空照片、土地利用现状图、植被图、土壤图、土壤侵蚀图、坡度图等;收集水文、气象、地质、地貌、土壤、植被、主要河流特征及现状;收集有关社会经济、水土流失及治理的资料等。对收集的资料应进行认真分析整理,不足的要进行补充调查。

(二)进行水土保持综合调查

调查分析规划范围内的基本情况,包括自然条件、自然资源、社会经济情况、水土流失特点和水土保持现状等内容。并通过调查,总结水土保持工作成就与经验,包括开展水土保持的过程、治理现状(各项治理措施的数量、质量、效益)、水土保持的技术经验和组织领导经验、存在的问题和改进意见等。

调查的具体内容包括:自然条件调查,着重调查地形、降雨、土壤(地面组成物质)、植被四项主要因素以及温度、风、霜等其他农业气象;自然资源调查,着重调查土地资源、水资源、生物资源、光热资源、矿藏资源等;社会经济调查,着重调查人口、劳力、土地利用,农村各业生产、粮食与经济收入(总量和人均量),燃料、饲料、肥料情况,群众生活、人畜饮水情况等;水土流失情况调查,着重调查各类水土流失形式的分布、数量(面积)、程度(侵蚀量)、危害(对当地和对下游)、原因(自然因素与人为因素);水土保持现状调查,着重调查各项治理措施的数量、质量、效益,开展水土保持的发展过程和经验、教训。

(三)进行水土保持区划

在大面积总体规划中,根据规划范围内不同地区的自然条件、社会经济情况和水土流失特点,划分若干不同的类型区,各区分别提出发展方向、不同的土地利用规划和防治措施布局。

如在综合调查的基础上,根据水土流失的类型、强度和主要治理方向,确定规划范围内的水土保持重点预防保护区、重点监督区和重点治理区,提出分区的防治对策和主要措施。为了明确国家级水土流失防治重点,实施分区防治,分类指导,有效地预防和治理水土流失,2006 年(2006 年水利部公告第 2 号)我国划定了 42 个国家级水土流失重点防治区(包括重点预防保护区 16 个、重点监督区 7 个和重点治理区 19 个),面积 222.98 万 km^2,其中水土流失面积 95.46 万 km^2。

1. 重点预防保护区

对大面积的森林、草原和连片已治理的成果,列为重点预防保护区,制定、实施防止破坏林草植被的规划和保护措施。我国重点预防保护区包括大兴安岭、呼伦贝尔、长白山、滦河、黑河绿洲、塔里木河绿洲、子午岭、六盘山、三江源、金沙江上游、岷江上游、汉江上游等,总面积 97.63 万 km^2,其中水土流失面积 29.45 万 km^2。

重点预防保护区分为国家、省、县三级。跨省(区、市)且天然林区和草原面积超过 1 000 km^2 的为国家级;跨县(市)且面积大于 100 km^2 的为省级;县域境内万亩以上或集中治理 10 km^2 以上的为县级。规划应根据涉及的范围划分相应的重点防护区。重点防护区应对保护的内容、面积进行详细调查。

2. 重点监督区

对资源开发和基本建设规模较大,破坏地貌植被造成严重水土流失的地区,列为重点监督区,并依法对水土保持方案的实施进行监督检查。我国重点监督区包括辽宁冶金煤矿、晋陕蒙接壤煤炭、陕甘宁蒙接壤石油天然气、豫陕晋接壤有色金属、东南沿海、新疆石油天然气开发监督区和三峡库区监督区，总面积 30.60 万 km^2，其中水土流失面积 17.98 万 km^2。

重点监督区分为国家、省、县三级。在具有潜在水土流失的跨省（区、市）区域，城市建设、采矿、修路、建厂、勘探等生产建设活动开发密度大，集中连片面积在 1 万 km^2 以上、破坏地表与植被面积占区内总面积的 10% 以上，为国家级重点监督区；集中连片面积在 1 000 km^2 以上，破坏地表与植被面积占区内总面积的 10% 以上的跨县（市）区域列为省级重点监督区；县域境内开发建设集中连片面积在 100 km^2 以上，破坏地表及植被面积占区内总面积的 10% 以上，列为县级重点监督区。对单个资源开发点，每年废弃物的堆放量大于 10 万 t 的，应列为重点监督点。

3. 重点治理区

对水土流失严重，对国民经济与河流生态环境、水资源利用有较大影响的地区列为重点治理区。我国重点治理区包括东北黑土地、西辽河大凌河中上游，永定河、太行山、河龙区间多沙粗沙区，泾河北洛河上游、祖厉河渭河上游、伊洛河三门峡库区等 19 个，总面积 108.88 万 km^2，其中水土流失面积 59.31 万 km^2。

（四）编制土地利用规划

根据规划范围内土地利用现状与土地资源评价，考虑人口发展情况与农业生产水平、发展商品经济与提高人民生活的需要，研究确定农村各业用地和其他用地的数量与位置，作为部署各项水土保持措施的基础。

（五）进行防治措施规划

要根据不同利用土地上不同的水土流失特点，分别采取不同的防治措施。

（1）预防保护区。该区目前水土流失较轻，林草覆盖度较高，但存在水土流失加剧的潜在危险，主要为次生林区、草原区、重要水源区、萎缩的自然绿洲区等。要坚持预防为主、保护优先的方针。建立健全管护机构，强化监督管理。规划内容主要为：①预防保护区的位置、范围和数量；②预防保护区初期的人口、植被组成、森林覆盖率、林草覆盖率、水土保持现状以及期末应控制或达到的目标；③为实现预防保护的目标应落实的技术性与政策性措施，包括制定相关的规章制度、明确管理机构、水土保持"三区"公告发布，以及采取的封禁管护、舍饲养畜、生态修复、大面积保护、抚育更新、监督、监测等具体措施，严格限制开发建设活动，有效避免人为破坏，保护植被和生态。

（2）重点监督区。该区资源开发和基本建设活动较集中、频繁，损坏原地貌易造成水土流失并且水土流失的危害后果较为严重，主要为矿山集中开发区、石油天然气开采区、水利工程库区、交通能源等基础设施建设区以及在建的工程区。规划内容主要为：①规划区内重点监督区域及项目的名称、位置、范围；②重点监督区期初的人口、水土流失与水土保持现状、土壤侵蚀量、开发建设项目和其他人为不合理活动的数量、人为水土流失造成的危害等，同时说明期末应控制或达到的目标；③为实现重点监督目标应落实的技术性与政策性措施。依法实施重点监督，加强执法检查。针对监督区制定的相关规章制度、明确管理机构、水土保持"三区"公告以及监督开发建设项目依法编报水土保持方案情况、落实方案报批制度与"三同时"制度，遏制人为造成新的水土流失。

（3）重点治理区。该区原生的水土流失较为严重，对当地和下游造成严重水土流失危害，主要为江河和湖泊的中上游水土流失治理地区。水土流失综合防治措施主要包括工程、林草和保土耕作三大措施。①工程措施。包含坡改梯、坡面小型水保工程如截水沟、排洪沟、蓄水池、水窖、沉沙池等，构成从坡顶到坡脚的渗、排、蓄系统；沟道工程包括沟头防护、谷坊、淤地坝、拦沙坝、蓄水（塘）坝。沟道工程应根据"坡沟兼治"的原则，在搞好集水区水土保持规划措施的基础上，落实从沟头到沟口、从支沟到干沟的治理工程规划。②林草措施。根据需要和可能，营造护坡用材林、经济果林、防护林（水土保持林、农田防护林、牧场防护林、水源涵养林等）、薪炭林与种草，实行乔灌草相结合、多层次、高密度的防护体系，并与封育管护、生态修复等措施相结合进行规划。在风沙地区，采取防风固沙林、草方格和沙障等植物措施与其他工程措施配套，以有效地防治风沙侵蚀。③保土耕作措施。在各类耕地采取防治水土流失的节水措施和农业技术措施。

（六）分析技术经济指标

技术经济指标包括投入指标、进度指标、效益指标三方面。三项指标相互关联，根据投入确定进度，根据进度确定效益。

（七）规划成果整理

规划成果包括规划报告、附表、附图、附件等四项。

（1）规划报告主要内容：①基本情况，包括自然条件、自然资源、社会经济、水土流失、水土保持概况；②规划布局，包括指导思想与防治原则、水土保持分区、土地利用规划、治理措施规划；③技术经济指标；④保证规划实施的措施。

（2）附表主要包括：①基本情况表；②水土流失与水土保持现状表；③农、林、牧等土地利用现状与规划表；④水土保持主要治理措施现状与规划表；⑤水土保持土石方工程量表；⑥水土保持规划技术经济指标表；⑦水土保持效益现状与预测表。

第三节　小流域综合治理

一、小流域综合治理的概念

小流域综合治理是指为充分发挥水土资源及其他再生自然资源的生态效益、经济效益和社会效益，以小流域为单元，在全面规划的基础上，合理安排农、林、牧等各业用地，因地制宜地布设水土流失综合治理措施，将治理与开发相结合，对流域水土资源及其他自然资源进行保护、改良与合理利用。小流域综合治理又称流域治理、山区流域管理、流域管理、集水区经营等。

流域是指某一封闭的地形单元。该单元内有溪流（沟道）或河川排泄某一断面以上全部面积的径流。因此，流域即自然集水区域，也是一个水文单元。人们经常把流域作为一个生态经济系统来进行经营和管理。小流域的面积一般为 $10 \sim 30~km^2$，最大不超过 $50~km^2$。

我国的小流域综合治理起步于 20 世纪 80 年代，经过 20 多年的实践逐步探索出了一条以小流域为单元进行综合治理的经验。即以小流域为治理单元，对每条小流域进行规划、设计、审查、施工、检查和验收。对小流域进行逐年成批地开展治理，就形成了对整个江河流域水土流失的治理。因此,小流域治理已成为治理大江大河、改善农业生产条件和生态建设的根本措施。

二、小流域综合治理的依据

(一)小流域是水土流失的基本单元

小流域是水土流失的基本单元,它是径流、泥沙形成的策源地。以流域为单元进行科学规划与综合治理,符合自然规律。以晋西黄土丘陵沟壑区为例,一条小流域若以现代沟沿线为界,以上为沟间地,即"坡",以下为沟谷地,即沟。其水土流失特点为超渗流产流。坡面属于手背型超渗产流,以水力侵蚀为主;沟壑为指缝型沟状汇流,除水力侵蚀外,还存在较为严重的重力侵蚀。据山西省水土保持科学研究所在离石市王家沟流域的羊道沟观测,该沟面积 0.206 km²,坡地占 49.7%,沟壑占 50.3%。坡面多年平均径流深 19.2 mm,输沙量 6 740 t/km²;沟壑多年平均径流深 40.0 mm,输沙量 27 300 t/km²。沟壑的年径流量和输沙量分别占全流域的 67% 和 80%,而坡面的年径流量和输水量分别占全流域的 33% 和 20%。据观测资料,若坡面的水土流失得到控制,沟壑的径流量和输沙量可分别减少 58.5% 和 77.7%。由此可见,坡与沟的水土流失是互相制约、互为因果的。坡面水土流失加剧了沟壑的发展,沟壑扩大又蚕食了坡面。从多年观测资料分析计算出的泥沙输移比为 0.98。这就是说,小流域的产沙与输沙基本上是一致的,来多少几乎冲走多少,很少有沉积现象发生。小流域的这种水土流失规律,为以小流域为单元进行坡沟综合兼治提供了理论依据。

(二)小流域也是一个完整的经济开发利用单元

小流域又是一个完整的生产单元和经济开发利用单元,小流域涉及农、林、牧各业的发展和水土资源的合理开发利用,按其进行综合治理,符合经济规律。通过小流域综合治理,不仅能有效地控制水土流失,改善生态环境,更重要的是,实现水土资源的合理开发和永续利用,推动了小流域经济的发展。近年来,在小流域综合治理的基础上,小流域经济模式的形成和生态清洁型小流域试点工作的开展,充分体现了小流域综合治理在服务经济社会、推动经济发展、控制面源污染、保护水土资源和提供良好人居环境等方面的重要作用。

三、小流域经济

小流域经济是以小流域为单元,在规模化综合治理开发基础上发展起来的产业化、商品化农业生产模式。在治理水土流失中发展小流域经济,就是以小流域为单元,以治理开发为基础,以经济效益为中心,以振兴当地经济和提高农民生活水平为目标,山、水、田、林、路统一规划,工程措施、林草措施、农业技术措施优化配置,既治理水土流失、改善生态环境,又充分合理地利用自然资源,因地制宜地发展种植业、养殖业、加工业和旅游业,使小流域成为发展商品生产的基地。

我国小流域经济的模式,可概括为种植型、种养型、种养加结合型、旅游观光型等。如种养加结合型,根据流域内自然条件、人口密度、生物资源以及生产发展方向,通过治理措施积极培植资源。规划农、林、牧等种植业的发展比例,以种植业来发展生物资源,为养殖业提供丰富的饲草饲料;种植业和养殖业的发展又为加工业提供充足的原料。三者有机结合,促进流域资源的合理开发和持续经营,发展流域经济。河北省太行山区的元坊小流域,总面积27.6 km²,其中水土流失面积占总面积的84.3%。该流域按照综合治理和立体配置生物资源的规划,在不同的部位种植林、果、草,形成了"油松刺槐戴帽,板栗红果拦腰,苹果梨桃抱脚,杨柳沟沿站立,田边地埂花椒"的立体种植结构。在发展种植业的基础上,利用大量的作物秸秆、优良牧草和树枝树叶,兴建了4座饲料综合加工厂,发展牛、羊、兔等饲草动物为主的养殖业。同时,就地利用生物资源,建立了木材、果脯和肉食加工厂等乡镇企业。在经济初步发展的基础上,兴建水利、电力、道路等基础设施,增加灌溉面积,改善交通条件,促进商品流通。1992年该流域人均纯收入比10年前增加了1 100余元,人均粮食达400 kg。

小流域经济把治理与开发融为一体,把水土保持的生态效益、社会效益与区域的经济发展融为一体,实现了水土保持工作由防护性治理向开发性治理的转变,这是群众实践和科研探索的成功经验。

四、小流域综合治理的基本原则

根据以往的经验教训,进行小流域综合治理时应遵循以下原则:

(1)科学规划原则。在治理前,必须按照流域的自然情况、社会经济情况、水土流失特点、水土保持现状、土地利用与产业发展方向等,制定出切实可行的治理规划。

(2)层层设防原则。从上到下,从坡到沟,从支沟到干沟,合理布局治理措施,优化土地利用结构,层层设防,节节拦蓄,建立综合防护体系。

(3)措施综合原则。工程、植物、耕作三大措施相互配套,坡面治理与沟道治理相结合,农田工程与保土耕作相结合,开发治理与合理保护利用相结合。只有这样,才能发挥治理的生态经济效益。

(4)预防为主原则。进行小流域水土流失治理过程中,尤要注意预防为主的原则,防止边治理边破坏或局部治理整体人为活动破坏的现象重演。

(5)讲究效益原则。在安排治理措施与实施过程中,要正确处理好近期效益、中期效益和远期效益的关系,以激发治理者的积极性。

(6)保证质量原则。质量是效益的保证。在治理过程中,一定要按照现行的标准、规范要求和工程规划设计进行,并要实行建设监理制,严格把好质量关。

(7)加强管护原则。俗话说,"三分治,七分管"。管理是治理的继续与延伸,是提高治理保存率的保证,也是发挥治理效益的关键环节。治而不管,等于没治。对小流域治理成果,一定要加强法制化管理,使其持续发挥作用与效益。

五、小流域综合治理标准

(一)重点治理小流域标准

根据《水土保持综合治理 验收规范》(GB/T 15773—1995)的规定,重点治理小流域要达到一级标准。其主要内容如下:

(1)按规划目标全面完成治理任务,各项治理措施符合质量标准要求,治理度达70%以上。

（2）林草保存面积占宜林草面积的 80% 以上。

（3）经济林草面积占林草总面积的 20% ~50%。

（4）综合治理措施保存率 80% 以上。

（5）人为水土流失得到控制，没有发生毁林毁草、陡坡开荒等破坏事件；开矿、筑路等生产建设，都采取了水土保持措施，妥善处理了废土、弃石，基本制止了新的水土流失产生。

（6）各项治理措施配置合理，工程与林草、治坡与治沟紧密结合，互相促进，形成了完整的水土流失防御体系。

（7）各项措施充分发挥了保水、保土效益（主要是减蚀，其次是拦泥），措施实施期末与实施前相比，流域输沙减少 70% 以上，生态环境明显改善。

（8）土地利用结构得到合理调整，农、林、牧、副、渔各业用地布局恰当，建成了能满足群众粮食需要的基本农田和适应市场经济发展的林、果、牧、副等商品生产基地。

（9）土地利用率 80% 以上，土地产出增长率 50% 以上，商品率达 50% 以上。

（10）实施期末人均粮食达到自给有余（400 ~500 kg），现金收入比当地平均增长水平高 30% 以上，实现了人口、资源、环境、经济的良性循环。

（二）一般治理小流域标准

根据《水土保持综合治理 验收规范》（GB/T 15733—1995）的规定，一般治理小流域要达到二级标准。其主要内容如下：

（1）全面完成规划治理任务，各项治理措施符合质量标准，治理度达 60% 以上。

（2）林草保存面积占宜林草面积的 70% 以上。

（3）各项治理措施配置合理，形成了有效的防御体系。

（4）措施实施期末与实施前比较，流域输沙减少 60% 以上（以减蚀作用为主）。

（5）合理利用土地，建成满足群众粮食需要的基本农田，解决群众所需的燃料、饲料、肥料以及增加经济收入的林、果、饲草基地。

（6）到实施期末达到人均粮食 400 kg 左右，现金收入比实施前提高 30% 以上。制止了恶性循环，开始走上良性循环。

思考题

5-1 何谓水土保持规划？简述水土保持规划的意义。

5-2 大面积的总体规划和小面积的实施规划各有何意义？

5-3 简述水土保持规划的基本原则。

5-4 重点预防保护区、重点监督区和重点治理区（简称"三区"）的特点各是什么？

5-5 重点预防保护区规划和重点监督区规划各包含哪些内容？

5-6 什么叫小流域和小流域经济？小流域综合防治的主要依据是什么？

第六章　山丘区水土保持生态建设

我国是一个多山的国家,山地丘陵区面积占国土总面积的 2/3 以上。由于山丘区地形和地质条件的复杂性,在重力、水力、风力等外营力作用下极易造成水土流失。再加上地质新构造运动较活跃,山崩、滑坡、泥石流等灾害也频繁发生。山区恶劣的生态环境严重制约了生产和经济的发展。根据统计资料,我国丘陵山区每年约流失数十亿吨肥沃的表层土壤,许多山丘地区的坡耕地,每年水力侵蚀损失的土层厚度 0.2～1.0 cm,严重流失的地区可达 2 cm 以上。根据一些试验资料,黄土丘陵地区每公顷坡耕地平均年流失水量 225～450 m³,多的达 900 m³。据 2007 年中国水土流失与生态安全综合科学考察专题报告,西北黄土高原的黄河中上游地区,水土流失面积占该区总面积的 70% 以上,仍是我国水土流失最严重的地区;该区石油、天然气、煤炭、交通等开发建设活动相对集中,对水土资源、生态与环境的保护带来了很大的压力。严重的水土流失引发了一系列生态危机,如土地生产能力降低,制约了区域经济的发展;水资源承载能力和土地的承载力衰竭,导致地下水位下降,河道断流频发;黄河水沙关系严重失调,黄河干流、主要支流的大中型水利工程枢纽泥沙大量淤积,直接威胁着黄河的健康生命。因此,山丘区水土保持生态建设,对发展农业生产和从根本上改变其恶劣的生态环境,具有极为重要的意义。

在山丘区以流域为单元,根据流域地貌部位、土地利用、空间结构、资源利用与合理开发,以及水土流失规律等,进行水土流失综合防治措施的规划与实施,是我国在多年的实践中总结出的成功经验。流域水土保持综合防治措施的配置原则可概括为:

(1)以合理利用土地为前提。流域综合防治措施的配置应按照当地的自然条件和社会经济状况,在明确生产发展方向、合理利用土地的前提下,在土地利用规划确定的不同地类上,布置相应的措施。

(2)因害设防,层层拦蓄。在不同的水土流失类型区,流域的地质、地貌、气候和水土流失特点各不相同,综合防治措施的配置,应根据各流域的实际情况,全面考虑坡沟川、上下游、左右岸,因害设防,层层拦蓄,突出重点,合理配置各项水土保持技术措施,发挥综合防治措施的群体防护功能。

(3)生物与工程措施紧密结合。流域治理是一项综合性很强的工作,涉及农、林、牧、水、经各个方面。因此,防治时既要协调好部门间的关系,又要加强技术措施的组合与互补,相辅相成。要求做到农业措施、工程措施和生物措施的紧密结合,合理布设,以工程养生物,以生物护工程,达到"土蓄水,水养林,林固土"的目的。

(4)治坡与治沟相结合。"坡是一大片,沟是一条线"。在综合治理中,必须坡沟兼治,以治坡为主。坡面治理要坚持生物措施和工程措施相结合,以生物措施为主。沟道治理要因地制宜,从上游到下游,从沟头到沟口,从支沟到主沟,从沟岸到沟底,层层设防,节节拦蓄,建立大、中、小型工程相结合的沟道工程防治体系。在沟道布设工程的基础上,造林种草,形成综合防治体系,达到控制水土流失的目的。

（5）治理与开发相结合。流域治理不仅要重视控制水土流失，而且要重视经济开发，增加群众收入，将资源优势与发展地方特产相结合。如甘肃定西一带发展生物药草产业，把当地光热资源的优势和当地药草特产相结合，在提高生态效益的同时，注重经济效益，以经济开发促进流域治理，切实做到治理与开发相结合，当前利益和长远利益相结合。

（6）以防为主，治管结合。在流域治理中，要坚持以防为主、综合防治、治管结合的原则，认真贯彻《中华人民共和国水土保持法》、《中华人民共和国森林法》和《开发建设项目水土保持技术规范》等法律、法规，加强监督管理，防止新的水土流失产生。

第一节　坡地水土保持生态建设

山区、丘陵区水土保持生态建设应以流域为单元。在此，根据山丘区典型地貌类型来说明坡地水土保持生态建设的内容。

一、小于25°坡面综合防治措施

小于25°的坡面土地利用方式，可分为耕地和非耕地两大类。

（一）耕地水土保持生态建设模式

在缓坡耕地，土壤侵蚀常常以层状面蚀和细沟侵蚀形式出现。黄土地区，层状面蚀常将土壤可溶性物质和比较细小的土粒以悬移为主的形式带走，使土层变薄，肥力下降；土石山区，耕作层土壤中的细小颗粒被冲蚀后，土壤质地明显变粗，土层变薄，最后因表层土体中沙砾含量过高，不能耕作而弃耕。在坡度较大的坡耕地上，暴雨过后，分散的小股径流在坡面上冲刷形成许多小而密集的细沟，造成土、肥、水的大量流失。

根据坡耕地土壤侵蚀的特点，通常采用等高耕作、沟垄种植、覆盖耕作和草田轮作等农业技术措施，并结合坡面"生物埂"和坡面水土保持工程措施，达到保护土壤、拦蓄雨水、减免坡耕地的水土流失的目的，同时也形成了水土保持开发复合农林业与生态大农业的发展模式。如在地广人稀的流域，可直接利用缓坡耕地，或将坡耕地修成坡式梯田或隔坡梯田，在垄上或梯田窄带上营造等高灌木带，也称"生物埂"或"生物堤"。我国东北和黄土丘陵区，沿等高线修筑宽 2～2.5 m 的反坡梯田带，带与带之间的距离依坡度而定。如当坡度为 5°～10°时，带间距 35～40 m；坡度为 10°～15°时，带间距 30～35 m；坡度为 20°～25°时，带间距 20～25 m（见图 6-1）。条带上栽植 2～3 行紫穗槐、沙柳、乌柳、沙棘、柠条等灌木树种。还有的地方在埂坎上栽植一行紫穗槐，埂坎内栽植一行桑树、山楂等经济林树种。有些地方还种植苜蓿、黄花菜等植物带。这种方式目前不仅可有效地减轻土壤侵蚀，改良土壤，也具有较高的经济价值。这种"等高绿篱－坡地复合农业经营模式"已在生产上得到广泛的应用。

在地少人多的流域，通过大力修筑水平梯田，使坡耕地变为高产农田。梯田可种植粮油作物、经济作物和果树，既能保证粮食需求，又能增加群众收入。另外，梯田的埂坎面积一般占总面积的 3%～20%，尤其是田坎，坡度多在 50°～75°。通过营造埂坎防护林（或种草），如栽植灌木、乔木或果木等，或种植多年生的草本植物、黄花菜等，既可保护和固持田坎地埂，有效地改善梯田的小气候环境条件（如降低田面风速，提高梯田田面的土壤

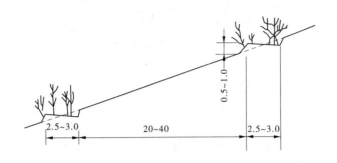

图6-1　坡地等高灌木带布设示意图　（单位:m）

含水量),又能充分而合理利用埂坎,发展埂坎经济。

还有些地方在坡耕地种植农作物的同时,沿等高线栽植松、杉、泡桐、杜仲等乔木树种和价值较高的经济林木,如苹果、梨、杏、枣、柿子、花椒、茶等,实行短期林(果)粮间作。当林(果)木郁闭以前,种植农作物如豆类、马铃薯、花生等;林分郁闭以后,即实施退耕还林(果)。如山西石楼县在坡耕地上实施枣粮间作,每隔6~7 m栽植一行枣树,取得了明显的拦蓄径流、改善坡耕地生态环境条件和增加群众收益的良好效果。这种"以林粮为基础,水果为中心,发展多种经营的生态经济模式"在黄土高原和南方部分地区已得到了广泛应用。此外,还有"以营林为基础,果、药、农并举的复合经营模式"、"以封山育林为基础,以种植业、工副业和粮食生产为支柱的复合经营模式"及"小山庄个体经营模式"等,都是目前较成熟和应用较多的山区水土保持复合农林业的经营模式。

坡面道路侵蚀也是山区土壤侵蚀的主要途径之一。因坡面道路均为土质路面,暴雨产生的径流常沿路面形成股流而冲刷道路。为分散径流,节节拦蓄,路面可修成拱形,在路边土崖崖根挖水槽,土崖脚每隔20~25 m挖一蓄水窖窖,土崖上坡面修梯田或者挖一道壕沟,路肩和边坡种草灌(见图6-2)。当道路穿过梯田时,可将道路径流引入旁边的农田或果园。

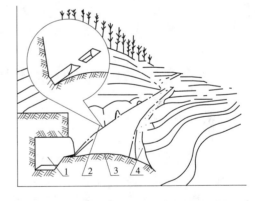

1—贮水窖窖;2—路边蓄水槽;3—起拱路面;4—边坡草灌

图6-2　塬面道路防蚀措施配置示意图(王振秋,1997)

(二)非耕地综合防治措施

在非耕地坡面上,应大力恢复和保护植被,加强抚育管理,使其良好生长,防止土壤侵蚀。在土石山区和黄土地区,长期的水土流失使土层变薄或者土壤干旱瘠薄,造林立地质量较差,在坡面应大力营造水土保持林,做到适地适树,选择适宜的树种,营造纯林、针阔混交林或乔灌混交林。如北方地区适宜的树种有刺槐、侧柏、油松、元宝枫、白榆、河北杨、小叶杨、山楂、青杨、火炬树、紫穗槐、柠条、沙棘等。

造林时采用集流整地工程,如水平阶、反坡梯田、水平沟和等高撩壕整地形式,以工程养林木,以林木护工程,林分郁闭后代替工程,达到坡面径流就地入渗拦蓄,发挥生物措施和工程措施的综合防护功能。

地处高山远山流域的水源区,由于不合理的利用,坡面植被恶化,残存的大多是次生林和草灌植物,导致水文状况的恶化,除封山育林、逐步恢复植被外,在植被破坏严重的坡面,应营造水源涵养林,以调节坡面径流,防止土壤侵蚀,发挥森林涵养水源功能。

二、大于25°坡面综合防治措施的配置

大于25°的陡坡面,面蚀强烈,或坡面已由面蚀发展成为浅沟、切沟侵蚀,崩塌、滑坡、泻溜等重力侵蚀也可能严重发生。有条件时应实施植被的自然修复或通过大力营造水土保持林,控制坡面径流,固坡保土,防止浅沟、切沟扩张,减少崩塌和滑坡的发生。为有效地控制坡面侵蚀,造林前应在25°~35°坡面采用水平阶、反坡梯田、水平沟和等集流整地工程;在支离破碎的坡面和35°以上的坡面,应采用鱼鳞坑整地。

陡坡坡面营造水土保持林,应选择根系发达,萌蘖性强,枝叶茂盛,固土作用大,耐旱耐瘠薄的树种。选择树种时要考虑树种特性和立地条件的水、肥、气、热状况。黄土区阳坡光热条件好,水肥条件差,可栽植一些较喜光、耐旱、耐瘠薄的树种,如刺槐、臭椿、白榆、元宝枫、沙棘、紫穗槐、柠条等。阴坡光热条件差,但水肥条件较好,应栽植一些耐寒、耐旱的树种,如油松、河北杨、小叶杨、胡枝子、榛子等。造林密度应根据树种生物学特性、立地条件和土壤侵蚀特点来确定,在凸形坡的中下部、凹形坡的中上部及凸凹坡交接处,侵蚀强烈,应加大造林密度,防止径流入沟。此外,除营造纯林外,应大力营造混交林,如北方可用油松与侧柏、栎类、刺槐、元宝枫、山杨、紫穗槐、胡枝子、沙棘等混交。在立地条件差的陡坡,应全部栽植灌木或以灌木为主的乔灌混交林。大于45°的坡面,侵蚀十分严重,造林不便施工,幼树不易成活,应封坡育林育草。

第二节　沟道水土保持综合防治措施

沟道是洪水、泥沙集中的通道,下切、侧蚀、崩塌、滑塌都很严重。但沟道水沙资源丰富,对于造林种草、淤地造田和蓄水灌溉十分有利。因此,因地制宜、因害设防地配置沟道水土保持综合防治措施体系,对于固沟护岸护坡有十分重要的作用。

沟道综合防治措施的配置,应从上游到下游,从沟头到沟口,从支沟到主沟,从沟岸到沟底,层层设防,分类实施。沟道工程类型较多,生物措施的配置各异,在沟道不同部位水土保持生态建设的内容可概括如下。

一、沟边综合防治措施的配置

沟边水力侵蚀和重力侵蚀非常活跃,坡面径流由此处下泄入沟,常常造成陷穴和裂缝,并进一步发展成侵蚀洼地和栅状沟。因此,沟边综合防治措施的配置应根据集水面积的大小、沟坡的稳定程度以及土地利用情况来确定,一般在沟缘线以上2 m处,修筑高、宽各约0.5 m的沟边埂,并在埂内每隔15~20 m设一道横挡,使拦蓄的径流均匀分布在埂内,防止水流集中汇集冲毁土埂。土埂修好后,可在埂外侧栽植1~2行深根性的乔木,埂内侧栽植2~4行灌木,或者埂内外侧全部栽植灌木。利用林木根系的固土作用来达到稳

固沟边的目的。

营造沟边埂林带,应根据立地条件类型,选择抗蚀性强、固土作用大的深根性乔灌树种,条件较好的地方也可以选择一些经济林树种,如桑、山楂、枣、文冠果和枸杞等。

二、沟头综合防治措施的配置

沟头是径流汇集入沟最为集中的地段,其上方多为进水浅洼地(沟掌地)。强烈的水力侵蚀和崩塌陷穴,使沟头不断前进,沟底不断下切。为了控制溯源侵蚀,应使沟头防护工程和沟头防护林带紧密结合起来,以锁住沟头。

沟头防护工程常采用:①蓄水沟头防护工程(北方应用较多)。如埂墙涝池式(见图6-3)和围埂蓄水沟式(见图6-4)。在埂墙、涝池、围埂、蓄水沟周围、村庄及沟头沟边部位,营造乔灌混交林或灌木林带。②排水式沟头防护工程。如悬壁管(槽)排水式和台阶排水式,在集水渠两侧植树,渠底种植一些耐水湿的草本植物。

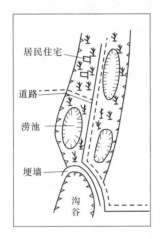

图6-3 埂墙涝池式沟头防护工程示意图　**图6-4 围埂蓄水沟式沟头防护工程示意图**

营造沟头防护林应选择根蘖性强、固土抗冲的树种,如黄土区主要乔木树种有青杨、小叶杨、河北杨、旱柳、刺槐、白榆、山杏、油松等,主要灌木树种有柽柳、沙棘、杞柳、紫穗槐和柠条等。

沟头防护林带的宽度主要根据沟掌地面积大小、径流量多少和侵蚀程度来确定。当沟掌地面积小,坡度陡,溯源侵蚀严重,土壤干旱瘠薄,不宜农作时,可全部造林。当沟掌地面积较大,坡度缓,侵蚀不十分严重,但沟头仍不稳定时,林带宽度可按沟深的1/2～2/3配置。

三、沟底综合防治措施的配置

根据沟底宽度的大小,将其分为支毛沟和主干沟。其综合措施配置如下。

(一)支毛沟道综合防治措施的配置

为了固定和抬高侵蚀基点,防止沟道下切和沟岸扩张,拦蓄和调节径流泥沙,在流域的支毛沟,特别是发育旺盛的"V"形支毛沟中修建谷坊群。一般丘陵区和土石山区多修筑土谷坊,石质山区多修石谷坊,沟底土壤水分条件较好的支毛沟修筑柳谷坊,若条件允许也可修铁丝笼(或竹笼)卵石谷坊。

在黄土区和土石山区沟道,除修建谷坊外,支毛沟上游因冲刷下切强烈,沟底变动较大,可以插扦为主的方式进行全面造林;在支毛沟中下游地段多用栅状造林和块状造林。栅状造林垂直于水流方向,每隔 10～20 m,栽植 3～10 排树木为 1 栅,栅内行株距 1.0 m ×0.5 m。块状造林是每隔 30～50 m,营造 20～30 m 宽的乔灌带状混交林或灌木林。营造乔灌林带时,灌木应配置在迎水的一面,一般 5～10 行,株行距 0.5 m×0.5 m～0.5 m×1.0 m,乔木株行距 1.0 m×1.0 m～1.0 m×1.5 m。在沟道较宽时块状造林之间留出的地段,待条件改善之后,可以种植经济作物和经济林木。

(二)主干沟道综合防治措施的配置

为固定河床、拦蓄泥沙、防止和减轻山洪灾害,在主干沟道修筑淤地坝、小型水库和护岸工程等。

1.淤地坝工程及生物措施配置

淤地坝是指在沟道里为了拦泥、淤地所建的坝。淤地坝主要布设在沟谷比较开阔,坝地口小肚大的沟段,坝地附近应有适宜于开挖溢洪道的地形条件,如马鞍形或缓坡地带,应有良好的筑坝材料(土、砂、石料),施工方便。坝地地质构造稳定,两岸无疏松的坍塌土和滑坡体,坝址应避开沟汊、弯道、泉眼等,以免洪水冲刷坝身。此外,还要求坝址上游淹没损失小及对村庄、工矿和交通影响小。

为确保坝体的安全,防止坝坡被径流冲刷破坏,可在淤地坝坝体上下游坝坡种植灌木和草本植物。淤地坝建成以后,通过几年淤积,形成较为湿润的平坦坝地,可以种植农作物、经济作物和经济林木,发展农林生产。此时,可在淤地坝下游排水沟的两侧栽植 2～8 排耐水湿的杨、柳等树种,形成防护林带。

2.小型水库及生物措施的配置

流域中的水库一般有两种:一是位于坝系中的水库;另一种是在沟道中的独立水库。前者与坝系工程相结合,主要用于拦蓄清水或淤地坝下泄的水量,为周围农地和下游坝地提供灌溉水源,并参与坝系调洪防汛,提高坝系防洪安全和运用综合效益,常见于水土流失严重的黄土丘陵沟壑区。后者一般为独立运用,具有蓄水灌溉、防洪调洪、养殖供水和水力发电等多种功能,一般沟道常见的水库多属于此类。

为了防止高含沙量的径流入库和库岸坍塌造成水库中泥沙的严重淤积,延长水库使用寿命,应在水库周围营造库岸防护林。库岸防护林主要对库岸下部遭受淘蚀破坏的地段及汛期水位上升后岸坡土体的保护起着重要的作用。库岸防护林从常水位或略低于常水位的位置开始向上布设。在库岸靠近水边的地段,由于经常遭受风浪冲蚀和被水淹没,应选用耐水湿的草本植物和灌木树种,如可配置 1～2 m 宽的芦苇、芭茅抗冲草带,其上密植几行灌木柳(如杞柳、乌柳、黄花柳等),形成防浪林(草)带;之上再布设乔灌混交林带,形成疏透结构的防风林带。造林树种为旱柳、垂柳、青杨、小叶杨、箭杆杨、柽柳、沙柳等。林带宽度应根据库岸部位、浸水深度、冲蚀程度而定,一般 10～20 m。但在质地疏松的库岸部位和受风浪冲击强烈的迎风岸坡,应加大林带宽度和造林密度,以达到削弱风速、减少库面水分蒸发和有效利用水资源的目的;在防风林带上方的周围库岸,通过营造防蚀林,以阻止泥沙直接进入水库,防蚀林带宽多在 20 m 以上,树种以耐旱的灌木为主,林带结构以紧密型为佳,在立地条件允许的条件下,尽量加大造林密度,以有效地过滤地表径流。

为防止水库上游沟道的泥沙入库,常在回水线以上沟道两侧的缓坡地上营造进水道过滤林带,这种林带常为多带式紧密结构,林带宽度(顺水流方向)和长度(横沟方向)视集水区、滩地面积和进水量的大小而定。在集水面积小、滩地狭窄、进水量不大的沟道里,通常可营造数条草灌带,灌木带宽 5～10 m,带间距 2～5 m,灌木带间布设草带。当沟道很长时,可分段造林,由 3～5 个灌木带及带间种植草本植物组成一段,一般布设 2～3 段。灌木多采用耐水淹的杞柳、乌柳等,草本植物主要采用喜湿性的芦苇和芭茅等。

第三节　河道护岸护滩水土保持生态建设

山区河道流经地势高峻和地形复杂的山谷中,河谷断面常呈"V"或"U"字形,两岸谷坡陡峭,河槽比较狭窄,多急弯跌水,纵坡较大,有时呈阶梯状。由于径流历时短,河水暴涨暴落,流速大,易造成河岸坍塌。因此,在河道中常布设护岸工程和整治建筑物,并结合相应的林草措施来达到护岸护滩的目的。

一、护岸工程

护岸工程一般分为护基(护脚)与护坡两种工程。护基工程设置在枯水位以下,护坡工程布设在枯水位以上。

护基工程的特点是潜没于水中,时刻都受到水流的冲击和侵蚀作用。因此,在建筑材料结构上要求具有抗御水流冲击和耐磨损能力;富有弹性,易于恢复和补充,以适应河床变形。常用的护基工程如抛石、石笼等。

抛石护基工程常采用石质坚硬的石灰岩、花岗岩块石,直径一般为 20～40 cm,并可掺合一定数量的小块石,以堵塞大块石之间的缝隙。抛石的厚度一般为 0.4～0.8 m,相当于块石直径的 2 倍。在坡段紧接枯水位处,为稳定边坡,应增加一顶宽为 2～3 m 的平台,如果河岸陡峻,则需增加抛石厚度。

石笼护基工程用铁丝、竹条、荆条等材料做成各种网络的笼状体,一般为箱形或圆柱形,内填块石、砾石或卵石,笼的网络大小以不漏失填充的石料为度,铺设厚度为0.4～0.5 m。

护坡工程又称护岸堤,可采用砌石护坡,也可采用生物护坡。砌石护岸堤分为单层干砌块石、双层干砌块石和浆砌石三种。在山洪流向比较平顺,不受主流冲刷的防护地段,流速 2～3 m/s 时,可采用单层干砌块石;当流速达 3～4 m/s 时,可采用双层干砌块石,二者上端封土种草;当受到主流冲刷,山洪流速大于 4～5 m/s 时,挟带物多,冲击力猛的地点,则必须采用浆砌石护坡。

二、整治建筑物

整治建筑物按其性能和外形,分为丁坝和顺坝。前者用于改善水流流态,后者用于减少冲刷。

丁坝是坝根与河岸相连,坝头伸向河槽的横向整治建筑物,在平面上与河岸结合呈丁字形,故称丁坝。

根据坝身长短和影响水流的程度,丁坝分为长丁坝和短丁坝。长丁坝可堵塞一部分河槽,对河床起束窄作用,并能改变主流位置,保护下游河岸不受冲刷;短丁坝是一种护岸护堤建筑物,起迎托水流作用,可以保护岸滩和顺河堤防冲,但束窄河槽、挑流作用较小。按建筑材料丁坝可分为砌石丁坝、混凝土丁坝、石笼丁坝等。

丁坝多以坝群形式布设,孤立丁坝对河岸防护作用不大,易受冲击而损坏。一组丁坝的数量应由保护河段的长度确定,在河流凹岸丁坝间距可为坝长的 1.0~2.5 倍,在凸岸为 4~8 倍,在顺直段为 3~4 倍。在蜿蜒型河道的顶部,弯顶以上的保护长度和弯顶以下的保护长度,分别占保护长度的 40% 和 60%。

顺坝坝身与水流平行,与河岸相连或留缺口,是常见的河道整治工程,其作用是束窄河床,保护河岸和滩地。顺坝常见的坝型为土坝和混合坝,一般按治导线位置布设。为防止水流经过坝根,一般将坝根与河岸直接相连,将护坡护基工程向下适当延伸,或在河岸开挖基槽,将坝根嵌入其中。

三、护岸护滩防护林配置

由于河水曲流的作用,使河床形成陡岸和缓岸。陡岸多设置丁坝,丁坝上部及外端营造护岸林;也可在河流顶冲地段设置柳坝和石柳坝等工程,沿岸修筑堤防工程(顺坝),并在河堤内外坡植树种草。护岸护滩的工程护坡和生物缓流护坡的作用紧密结合,可以更有效地保护岸滩和更有利于岸滩的生态保护。

在平缓河岸新淤沙滩营造护岸固滩挂淤林带,以缓流挂淤、抬高滩地、固定河床。护滩挂淤林带包括林草混交和乔灌混交等形式。林草混交挂淤林带主要是乔木或灌木柳、柳和芭茅混交,乔木株行距为 1 m×2 m,灌木柳的株行距 0.5 m×2 m,行间种植草带,以利挂淤。在营造挂淤林带时,无论乔、灌或草类,其栽植行方向应与水流方向呈 30°~40° 夹角,整个挂淤林宽度不应超过河道的整治线。造林的顺序应先从上游到下游,从靠近堤岸处逐渐向水边推进。

思考题

6-1 流域水土保持综合防治措施的配置应遵循哪些基本原则?

6-2 应如何在坡耕地上采取防治措施控制水土流失的形成?

6-3 应如何在大于 25° 的坡面配置水土流失综合防治措施?

6-4 简述沟底综合防治措施配置的类型及方法。

6-5 护基工程和护坡工程各有何特点?

6-6 短丁坝和长丁坝的作用各是什么?

第七章 城市发展生态工程建设

城市是人类社会发展的产物,是人类进步的象征。随着工业化、城市化和现代化步伐的不断加快,城市既成为科技进步、经济繁荣的发祥地,也成为全球环境变化的重要策源地。

第一节 城市化对城市生态环境的影响

城市是人类活动最集中、最频繁的地方。城市中的自然过程、生态环境过程、经济过程和文化过程等异常活跃。从生态学的角度看,城市是一个复杂的生态系统,是以人为主体,人口、活动、设施、物质、科技、文化高度集中,并不断高速运转的开放性有机综合体。在特定城市区域中,城市居民与城市环境的统一体,以及这个统一体中进行物质、能量流动的因素,即与城市居民相互作用的环境,称为城市生态环境。城市生态环境是城市生态系统的基础和条件。因此,了解城市化进程中城市生态环境的变化,对于恢复或促进城市生态系统的平衡,推动城市发展生态工程建设具有重要的意义。

一、城市化对地貌作用过程的影响

地貌是自然环境的重要组成要素,是城市建设发展的下垫面和基础。而城市化进程中导致区域地貌环境发生了重大的变化。如大量不透水地面增多,鳞次栉比的人工地貌取代了原来自然生长的草被、树林,造成了一系列地貌作用过程的变化。

(一)流水作用过程的变化

由于城市化使大范围的天然植被和土体表面被破坏,并为人工铺设的地面所取代,从而影响降水、地表径流的流动方式和下渗状况,改变了城市的水文过程,使城市流水侵蚀作用过程发生变化。如在城市大规模建设时期,河流含沙量急剧上升,随着城市建设工程量的减少,河流含沙量又趋于减少。城市建筑活动,使地表受到强烈扰动,地貌作用过程的强度和速度增加,则流水地貌作用过程以侵蚀作用为主;当建筑完成或采取某些措施时,地表相对稳定,流水侵蚀作用过程减缓。总的来讲,地貌环境的变化,使城市中地表总的径流量增加,渗入地下补充地下水的量大大减少。这种变化使位于山地、丘陵与平原交汇处及位于较大河谷出口处的城市,更易发生暴流。

(二)重力作用过程的变化

自然界未遭人为破坏的各种形状的坡地,是在植被和坡地物质本身具有的阻力作用下,与各种地貌动力过程取得平衡,即处于相对稳定状态。城市化过程中,频繁而强烈的建设活动,如人工切坡、坡顶增载、坡地建筑等,使力的平衡受到破坏而处于不稳定状态,降低了土体的抗剪抗压强度。一方面,面蚀、线状侵蚀过程加速进行;另一方面,由于土体的抗蚀力下降,沟蚀也在不同程度地发育,使坡地的相对稳定性遭到破坏,如坡地失稳,滑坡、崩塌等灾害增多,加剧了城市水土流失的形成。山地丘陵区的城市,坡地重力灾害更为频繁。

(三)喀斯特地貌过程的变化

城市化加速喀斯特地面变形和地表塌陷。因为城市建设改变了水流系统,溶洞往往会得到扩展,当扩大到承受不了其上的压力时,便出现塌陷;城市化由于地面加载或地下水的变异等,也会使原来的地基发生变形和塌陷,从而造成建筑物的毁坏;城市化工业生产排放大量酸性废物,形成酸雨等,使酸类物质增多和酸浓度增加,地表和地下水循环加强,导致可溶性岩石的溶蚀度增大,溶蚀速度加快。另外,城市化发展由于人口增长和工业发展,用水量激增,水的补给作用不断提高,水的循环和更新周期缩短。地下水被过量开采,水位大幅度地连续下降,也加快了喀斯特过程的进行。

此外,风沙地貌过程、土地沙化等地貌过程,也因城市化人类活动的强烈干扰而加速、加剧。

二、城市化对气候的影响

城市气候既有大气候因素的作用,又有城市化人类活动所施加的影响。由于城市建设和发展,改变了原来自然状态的下垫面、空气的成分,增加人为热和人为水汽,使城市内部许多气候要素发生变化,表现出明显的城市气候特征。

(一)辐射和气温

(1)城市直接辐射和总辐射比郊区少。由于城市人口集中,活动强度和频度比周围郊区大,排放进入空气中的粉尘等颗粒物、二氧化碳等有害气体比郊区多,使城市空气混浊,出现"混浊岛效应"。该效应削弱了空气的透明度,减少了到达城市的直接太阳辐射和总辐射强度,使城市的紫外线辐射比郊区少,散射辐射比郊区稍微多些。

(2)城市气温比郊区高,形成城市热岛。由于城市下垫面性质特殊(原有的林、草、农、牧、水塘等自然环境,代之以水泥、沥青、砖、石、玻璃、金属等材料建筑而成的人工地貌体,从根本上改变了城市区域下垫面的热力学、动力学和水循环的性质),同时空气中 CO_2 等温室气体较多,又有人为热等原因,使城市气温明显比郊区高,出现城市"热岛效应"或形成城市"热岛"。城郊温差随城市规模、性质、季节、天气等状况不同而异。

(二)风和湍流

(1)城市的风速比郊区小,风向不稳定。由于城市建筑物鳞次栉比,街道纵横交错,大大增加了地面的粗糙度,因此在大多数情况下,城市的风速小于郊区,风向复杂多变。

(2)城市空气多湍流运动,有热岛环流和城市风。由于热力和动力不稳定,使城市空气的湍流增多。在城市热岛的作用下,产生城市热岛环流,周围郊区的空气向市中心辐合,使城市不同方位风向有别,形成"城市风"。

(三)蒸散和湿度

城市蒸散量和空气湿度比郊区小。蒸散包括地面蒸发和植物蒸腾。城市由于地面大部分为不透水的地面和建筑物,人工排水管网发达,绿化面积又少,因此蒸发、蒸腾量比郊区少;而城市的气温又比郊区高,使城市的绝对湿度和相对湿度都较小,形成城市"干岛"。

(四)云和雾

城市云量比郊区多,尤其是低云。由于城市多湍流运动,热岛效应促进气流上升,城市空气中凝结核又丰富,有利于水汽凝结。因此,城市云量比郊区多,尤其是低云。这是因为城市人类活动的影响主要是在城市覆盖层。

城市的雾比郊区多,有的还有光化学烟雾。城市因为空气中粉尘、吸湿性凝结核丰富,有利于水汽凝结,所以城市雾日比郊区多。相对湿度小时出现霾,使城市能见度低。在条件适合时,即使空气中水汽并未达到饱和,在相对湿度为70%~80%时,城市中往往就会有雾出现。有些城市因汽车尾气排放的废气较多,在强烈阳光作用下,还会形成浅蓝色的"光化学烟雾"。

(五)降水

城市降水比郊区多,尤其是对流性降水。因为城市空气中凝结核多,城市下垫面的热力、动力作用,促进强对流降水的增多。因此,城市常伴有冰雹、雷暴等灾害性天气的出现。降水强度增大,冰雹增多,也加剧了城市水土流失的形成。

三、城市化对水文过程的影响

(一)城市化对水分循环过程的影响

水分的蒸发、凝结、降落(降雨)、输送(径流)循环往复运动过程,称水分循环。天然流域地表具有良好的透水性,雨水降落时,一部分被植物截留蒸发,一部分降落地面填洼,一部分下渗到地下,补给地下水,一部分涵养在地下水位以上的土壤孔隙内,其余部分产生地表径流,汇入受纳水体。据有关研究资料报道,都市化前,天然流域的蒸发量占降水量的40%,入渗地下水量占50%,而产生的地表径流量仅为10%(见图7-1(a));城市化后,自然景观受到深刻地改造,混凝土建筑、柏油马路、工厂区、商业区、住宅区、运动场、停车场、街道等不透水地面大量增加,使城市的水文循环状况发生了变化。具体表现为,降水量增多,但降水渗入地下的部分由天然流域的50%减少为32%,蒸发由40%减少为25%。产生地面径流的部分增大,由天然流域的10%增加为43%,且由地下水道排走(见图7-1(b))。这种变化随着城市化的发展,不透水面积率的增大而增大。

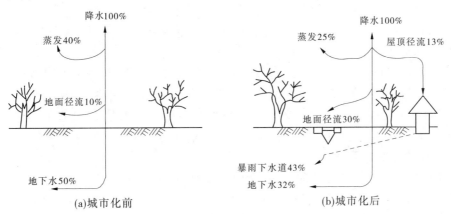

(a)城市化前　　　　　　　　(b)城市化后

图7-1　城市化前后水分循环的变化

（二）城市化对河流水文性质的影响

河流水文性质包括水位、断面、流速、流量、径流系数、洪峰、历时、水质、水温、泥沙等。城市化对河流水文性质的影响是多方面的。

（1）流量增加，流速加大。城市化不但降水量增加，雷暴雨增多，而且由于不透水地面多，植被稀少，降水的下渗量、蒸发量减少，增加了有效雨量（指形成径流的雨量），使地表径流量增加，水土流失加剧。另外，由于城市化对天然河道进行改造和治理，天然河道被裁弯取直，疏浚整治，设置道路边沟、雨水管网、排洪沟渠等，也增加了河道汇流的水力学效应。雨水迅速变为径流，使河流流速增大。

（2）洪峰增高，峰值提前，历时缩短。城市排水管道的铺设，自然河道格局的变化以及采取涵洞化的排水方式等，使径流向排水管网中的输送速度加快，降水迅速变为径流，必然引起峰值流量的增大，洪流曲线急升急降，峰值出现时间提前（见图7-2）。同时，由于地面不透水面积增大，下渗减少，故雨停之后，补给退水过程的水量也减少，使得整个洪水过程线底宽较窄，增加了产生迅猛洪水的可能性。据研究，城市化地区洪峰流量约为城市化前的3倍，涨峰历时缩短1/3，暴雨径流的洪峰流量预期可达未开发流域的2～4倍。

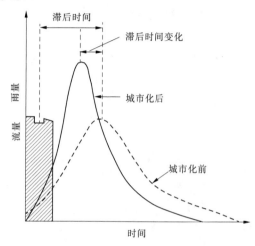

图7-2　城市化前后流量过程线的变化

当然，这种影响取决于河道整治情况、城市的不透水面积率及排水设施等。随着城市化面积的扩大，这种现象也日益显著。若伴随着城市的"雨岛效应"，则洪水涨落曲线更为陡急。

（3）径流污染负荷增加。城市发展，大量工业废水、生活污水排放进入地表径流。这些废污水富含金属、重金属、有机污染物、放射性污染物、细菌、病毒等，污染水体。城市地面、屋顶、大气中积聚的污染物质，被雨水冲洗带入河流，而城市河流流速的增大，不仅加大了悬浮固体和污染物的输送量，还加剧了地面、河床冲刷，使径流中悬浮固体和污染物含量增加，水质恶化。

据美国检测资料，河流水质污染成分50%以上来自地表径流，城市下游的水质82%受地表径流控制，并受城市污染的影响。据2001年环境统计公报，我国废污水排放总量428.4亿t，其中工业废水排放量200.7亿t，城镇生活污水排放量227.7亿t，生活污水处理率只有18.5%，80%以上未经处理直接排入水域，使河流污染严重，水质恶化。

（三）城市化对地下水的影响

（1）地下水位下降，局部水质变差。城市不透水区域下渗水量几乎为零，土壤水分补给减少，地下水补给来源也随之减少，促使地下水位急剧下降。在2001年全国186个地下水位监测站的城市和地区中，62%的城市和地区地下水位仍在下降。

（2）水量平衡失调。由于城市化、工业化的发展，人口增加，生活水平提高，对水的需求量大增,地表水又受到不同程度的污染,致使供水不足,水资源短缺,于是大量抽取地下水,超过了自然补给能力,使水量平衡失调。

（3）生态环境恶化。如果地下水补给不足持续的时间过长,则容易引起地下水含水层的衰竭,造成城区地下水位持续下降,从而导致地面下沉,引起地基基础破坏,建筑物倾斜、倒塌、沉陷,桥梁、水闸等建筑设施大幅度位移,不仅使洪涝、干旱灾害容易发生,生态环境恶化,而且给城市安全造成了极大的隐患。

四、城市植被

城市地质地貌、城市气候、城市水文水资源,是城市以人为中心的物理环境,是非生物的无机环境。而城市生物(包括植物、动物和人)是城市以人为中心的生物环境,它与上述物理环境一起共同构成以人为中心的城市自然生态环境。在此重点介绍城市植被的特点。

植被是指某一地区地面上生长着的全部植物群落的总称。城市由于人为活动的影响,改变了植物的生存环境,形成了独具特色的城市植被。城市植被包括自然生长和人工栽培的各种群落类型,城市绿地是人工绿化的绿色地域系统,属于城市植被的重要组成部分。目前,我国城市绿地主要分为公共绿地、居住区绿地、单位附属绿地、防护绿地、风景林绿地和生产绿地等六种不同性质功能的绿地。城市绿地是城市生态环境系统的重要组成部分,对美化绿化城市景观、改善城市生态环境质量、防治城市水土流失和减轻城市各种自然灾害等方面都有着重大的作用。城市绿地从总体功能上可概括为生态功能、生产功能和生活功能,其主要的生态功能可概括为以下几个方面。

(一)调节气候,降温增湿

绿地是改善城市局地气候的天然调节者。由于林木树冠吸收和反射太阳辐射,使到达树冠下面的光照强度大大减弱。据观测,广州越秀公园小片栎树林的透光率仅为6%,吸收和反射达90%以上。由于树冠对太阳辐射的吸收、反射和遮挡作用,使到达地面和树冠下的热量少,林下温度也较低。同时,林木强大的蒸腾作用又使空气的湿度明显提高。据有关研究资料,森林吸收的总水分中0.2%用于光合作用,99.8%用于蒸发和蒸腾。每公顷阔叶林,其根系每天吸取土层水分量约45 t,每天能蒸腾水量约26 t,1 m^2蒸腾水量约2.6 kg,而且蒸腾过程耗取了周围空气大量的热能,也促使了温度的降低。因此,绿地具有有效增加空气湿度、降低局地气温的作用,故森林被誉为天然的"增湿机"、"空调机"和"水分循环器"。综合国内外研究结果,林地可使局地气温降低3～5 ℃,最大可降低12 ℃,增加相对湿度3%～12%,最大可增加33%,具有调节城市局地气候的重要作用。

(二)吸碳放氧,净化空气

据生理学家研究,一个成年人每天要吸入1 000 m^3的新鲜空气。地球上60%的氧气来自植物。因此,绿色植物是大气中CO_2的天然消费者和氧气的制造者。据估计,每公顷阔叶乔木林在生长季节每天约消耗1 t 二氧化碳,释放0.7 t氧;每公顷生长良好的草坪每天可吸收0.36 t的二氧化碳。城市由于燃料的燃烧和人的呼吸作用,空气中二氧化碳的浓度大于郊区,对人体健康不利。当空气中二氧化碳的浓度达0.05%时,会影响人的呼吸,当含量达到 0.2% ~0.6% 时,对人体就有害了。二氧化碳又是主要的温室气体,其含量在大气中的急剧增加,导致了温室效应的加剧。因此,城市绿化对调节大气中的碳氧平衡和减低温室效应都有重要作用。城市植物被誉为城市"天然的肺"。

城市绿化植物的叶子、枝、干对许多有毒有害气体具有吸收净化的作用。如植物对二氧化硫的净化作用,一方面可通过植物表面附着粉尘等固体物而吸收一部分二氧化硫;另一方面可通过植物体吸收到体内进行转化而排出体外。若树叶数量大,表面粗糙,其净化能力较大。据南京园林处在南京化学工业公司测定,二氧化硫气流通过高 15 m、宽 15 m 的悬铃木林带后,浓度降低了 47.7%。植物还能吸收空气中氮氧化物、氟化物等有毒有害气体,被誉为天然的"吸毒器"。另外,城市绿化植物对灰尘有滞留、吸附和过滤等作用,可大大减少大气中的漂尘量和降尘量。据北京市测定,夏季成片林地的减尘率可达 61%,冬季亦可减尘 20% 左右;街道绿化减尘率为 22% ~85%。因此,绿色植物对于防止城市的面源污染有重要的作用。

(三)杀菌消毒,过滤污水

绿色植物释放入大气中的钉菌素,能杀灭空气中的细菌。每公顷森林一天能释放 30 kg 的钉菌素,被誉为天然的杀菌剂。1 hm² 树林其根系吸收水污染物 64 kg,含有细菌的水经森林地流出,由于根的吸收过滤,细菌减少 90%。森林可谓天然的防疫员和污水的过滤器。

(四)削减噪声

每公顷树林能削减噪声 100 dB,被誉为隔声屏障。

(五)栖息动物,保护物种

森林为鸟类、兽类、爬虫类、昆虫类等提供了栖息场所,被誉为动物的乐园,具有保护物种多样性的重要作用。

(六)涵养水源,保持水土

森林是"绿色水库",森林土壤能够吸收大量的降水,涵养水源,防止和减轻洪涝灾害,增加河道枯水期的流量,增加可利用的有效水资源。据观测,1 hm² 阔叶林能蓄水 300 t,即 1 m² 可蓄水 30 kg。森林通过树冠的截留、改变降水性质以及枯枝落叶层的作用,减少地表径流的形成,保护水土资源,有效地减免土壤侵蚀,被誉为防治土壤侵蚀的卫士。

在城市化的进程中通过建设城市绿地,利用城市绿地的生态功能来改善城市生态环境,已成为城市建设的重要内容之一。

第二节　城市水土保持

一、城市水土流失的特点

城市水土流失主要指在城市化进程中,发生在城市建成区、城市规划控制区及城市周边影响区,由于自然因素和人为活动扰动地表和地下岩土层,破坏自然下垫面结构,堆置废弃物或构筑人工边坡所引起的水土资源的破坏与损失。城市水土流失也是城市化过程中大规模的土地开发和基本建设带来的负面效应与城市化进程中生态环境退化的具体表现。

城市化实质是农村转变为城市、农业人口转变为城市人口的过程。美国在 19 世纪城市化过程中的 100 年间,城市人口由占全美人口总数的 20% 激增至 80%。据国家计委规划司提出的有关中国城市化进程的建议,从 2001 年至 2015 年,中国的城市化速度每年提高一个百分点(不包括市镇人口自然增加的 4 000 万人),将使 2.5 亿左右的农村人口转为城镇居民。到 2015 年,中国的城市化水平由目前的 36.09%(第五次人口普查数据及统计标准)提高到 45% ~50%,达到现在世界平均城市化 47% 的水平,城市人口将由目前的 4.6 亿人增加到 7.5 亿人,农村人口将保持目前 8 亿人左右的水平。可以想象,城市化的过程就是新城不断涌现,城区不断扩大和各类基础设施加速建设的过程,这一过程必然伴随着城市水土流失的严重发生。城市水土流失的特点可概括为以下几个方面。

(一)城市水土流失的成因主要是人为因素

在城市基础设施大规模建设和城区不断扩大过程中,伴随着城市周围生态屏障的减小和原有水土保持设施的消失,形成了大面积的裸露地表或坡面,必然导致城市水土流失的严重发生。加之在工程建设过程中,深挖高填,大量松散的弃土弃渣在防护不良的情况下,极易造成土壤的剧烈侵蚀,加剧水土流失的形成。另外,在城市建设中,由于人们的水土保持意识和法制观念淡薄,盲目无序开发,监督不力,也加速了城市的水土流失。据统计,1995 年山东全省共有 48 座城市,城区总面积为 1 231.8 km²,其中水土流失面积344.9 km²,与 1984 年相比,城区面积增加了 778 km²,10 年扩大了 1.7 倍,水土流失面积多分布在新建城区。济南市 1985 年城区面积为 65 km²,到 2000 年底,已建城区面积为116.2 km²,新增水土流失面积数十平方千米。

(二)城市水土流失量大,危害严重

据测定,城市水土流失严重地区的土壤侵蚀模数高达数万至数十万吨每平方千米,水土流失的危害尤为严重。如山西省太原市郊区因开发建设忽视水土保持工作,1996 年 8 月的一场暴雨使洪水挟带的泥沙涌进市区,致使迎泽大街泥沙淤积厚约 1 m,造成失踪和死亡 60 人的惨剧,直接经济损失达到 2.86 亿元。1996 年 7 月 24 日,济南市区一场日降雨量为 85 mm 的暴雨,使洪水泥沙从南部山区奔泻而下,河床、沟道严重淤塞,街道上到处是黄泥沙砾,造成直接经济损失 556 万元。旅游名城泰安在 1996 年 7 月 30 日的一场暴雨中,冲毁沥青路面 4.5 万 m²、人行道 6 万 m²、排水沟 6 km、堤岸 1 km,河床、沟道淤积5 万 m³,大量泥沙淤积街道路面,仅城市基础设施损失就达 2 000 多万元。

(三)城市水土流失加剧了城市生态环境的恶化

城市水土流失加剧城市生态环境恶化的表现特征主要是造成环境污染。工矿企业,尤其是煤炭、炼焦企业生产使得已经十分脆弱的生态环境日益恶化。如山西省长治市大型煤矿潞安矿务局漳村矿,在规划治理前,共堆积 10 座大小煤矸石山,由于没有水土保持防护措施,遇到大风天气,煤灰四处飞扬,严重污染了城市环境。

(四)淤积道路,堵塞管道,影响市容

由于许多城市的供水规划设计很少考虑城市水资源的天然补给,城区大量的天然降水资源被当成负担而进入地下排水管网,加之城市基础设施的建设,产生大量的松散堆积物,受径流的冲刷侵蚀作用,常常淤积街道和影响城市河道排洪,降低城市防洪能力和城市水利工程的效益,影响城市生态环境安全。同时,城市水土流失也严重影响城市的市容景观和投资环境,阻碍和制约城市经济的可持续发展。

二、城市水土保持

(一)城市水土保持的特点

城市水土保持即在城市、乡镇区域内预防和治理水土流失的技术与措施。由于城市水土保持是以保护城市水土资源、改善和美化城市环境为主要目的的生态建设,因此与传统的流域综合治理相比较,城市水土保持具有以下几方面的特点:

(1)防治原则的特殊性。城市水土保持强调以预防为主,将城市化水土流失的预防、监督和治理有机结合,将控制水土流失的工程措施与生物措施进行合理配置。

(2)防治目标的特殊性。城市水土保持不仅要控制水土流失,保障生产建设安全运行,而且强调城市生态环境的绿化和美化,注重生态效益和社会效益的相互协调。

(3)防治措施的特殊性。城市水土保持以防治水土流失为根本要求,科学配置水土保持措施,并使其符合城市绿化、环境美化和提高人居环境质量的要求。

(4)资金投入的特殊性。城市水土保持投入除工程本身要求标准高、质量高外,工程材料的费用构成也很高。因此,城市水土保持比流域水土保持的资金投入要高得多。

(二)城市水土保持的内容

城市水土保持的特殊性主要体现在以城市功能为目的的水土资源的保护、城市环境的绿化美化和城市水土保持相互结合等方面。具体来讲,城市水土保持主要包含以下内容:

(1)监督和防治。监督和防治城市开发建设活动(房地产开发、旅游开发、修建公路、旧城拆迁等)和开办矿山、企业造成的水土流失。

(2)生态修复和重建。城市规划区内退化劣地的生态修复和重建,包括闲置开发区的生态恢复治理、裸露山体缺口(采石场、遗留边坡、废弃石场等)的复绿治理、原有侵蚀劣地的生态修复。

(3)垃圾处理。城市开发建设中的建筑垃圾和城市生活垃圾得到及时有序的处置,防止垃圾尘埃吹蚀、水土流失造成垃圾的冲刷搬运和环境污染。

(4)美化景观。城市开发中有关水土资源保护的城市绿化美化工程和美化城市景观要相统一。

(5)城市保护林建设。包括沿海(河、库)岸防护林、水源保护区的水源保护林建设、管理及山地生态风景林的保护等。

(6)水资源保护。主要解决城市化开发建设过程中的给排水问题、城市水系统建设中的淤积和污水达标排放等问题。

三、城市水土保持生态环境建设

城市水土保持生态环境建设即城市建成区、城市规划控制区、城市规划控制区以外的影响城市的周边区域,对人为活动和自然因素造成的水土流失所采取的预防与治理措施,达到城市水土资源可持续利用,保证城市经济社会的可持续发展。简言之,就是把水土保持生态环境建设机制纳入城市规划和建设之中。

城市水土保持生态环境建设是为了解决在城市化过程中,造成的水土流失而导致城市生态环境恶化和城市整体功能衰减等一系列问题,以达到减少城市水土流失,减小城市水土资源的污染,调节气候,净化空气,改善城市环境,保护生物多样性,使城市资源得到合理开发和持续利用。

城市水土保持生态环境建设的措施可分为管理措施和技术措施。根据 20 世纪 90 年代中期以来开展城市水土保持工作的经验,归纳出如下的建设措施。

(一)制定城市水土保持规划,加强管理和监督

城市水土保持生态环境建设要结合城市发展规划及现状,作出城市水土保持规划和环境保护规划,以指导城市水土保持工作的逐步实施,避免走先破坏后治理恢复的老路。在城市的总体规划布局中,要充分考虑规划范围内的水、土资源的承载能力,以不影响和破坏区域范围内的水、土资源平衡为限。

城市水土保持规划应注意搞好四个结合:一是同创建文明城市、卫生城市、生态城市相结合;二是同城市开发、基础设施的建设相结合;三是同建设生态环境,提高市民生活质量与旅游、观光、休闲等相结合;四是同发展城市、城郊经济相结合。通过进行系统、科学、严密的规划,兼顾经济效益、生态效益、社会效益,以扎扎实实地将城市水土保持工作搞好。

(二)建立城市水土保持生态环境监测预报系统

水土流失监测预报模型是定量化开展监测、评价水土流失环境危害和水土保持设施防治效益的核心。随着地球信息技术和计算机技术的发展,监测工具和监测手段也得到进一步改善。通过监测建立水土流失监测预报模型(包括区域监测模型、城市水土流失监测模型),以更有效地达到科学防治的目的。如长江上游水土保持重点防治区滑坡、泥石流预警系统,涉及上游 7 个省(市)、14 个地(州、市)、38 个县,监控面积达 11.3 万 km^2。1990~2005 年,该预警系统预报处理滑坡、泥石流灾情险情 244 处,及时转移避灾群众 3.8 万人,免遭直接经济损失 2.4 亿元。

(三)完善排水系统,解决城市缺水问题

在开发区内按照城市建设排水标准,兴建排水管网,使洪水能畅通地排至外部河道,排水口汇入外部河道前通过设置沉沙池,减轻泥沙对外部河网的淤积。对于缺水城市,可以通过下水道将大部分降水收集起来再利用,或通过软地面下渗、回落补充地下水;工业与生活污水经处理后再次利用,通过城市生态系统真正实现水循环利用,使生态系统水分基本达到平衡状态,从根本上解决城市水土流失造成的灾害问题。

(四)妥善处理、综合利用城市生活垃圾和固体废物

通过合理规划,减少生产建设及市民生活过程中废弃物和垃圾的排放量,另外,通过对废弃物的转化,以达到"化害为利,变废为宝"的目的。例如太原钢铁公司对约 1 000 万 m^3 的废弃渣进行综合利用,走出了一条"以渣养渣、以渣治渣、综合治理、变废为宝"的路子。在治理水土流失、改善城市环境的同时,还盈利 1.14 亿元。除此之外,应将城市废弃物的处理与近郊水土保持工作结合起来,例如在近郊选择适宜的洼地和沟道,经过处理后填充废弃物,既妥善处理了废弃物的堆放问题,又解决了破碎地表易受侵蚀的问题。

(五)加大植树种草工作,增加城市绿地面积

对城市弃渣堆积区、贫瘠废弃地,应以保持水土、改良土壤为主要目的。栽植适应能力较强、能固氮、根系发达、易成活的树种或草种;对于短期内无法上马的工程建设备用地,应采取临时性绿化措施;对于公路两旁以及城市边缘废弃地等,应通过一定的技术措施,合理利用土地,选择适宜的树种、草种,进行绿化保护,以增加城市绿地面积,防止水土流失发生;对城市空闲地、裸露地、工程开发恢复地,要及时植树种草,提高城市植被覆盖,确保城市足够的公共绿地和生态用地,同时对城市住宅、庭院、墙面、屋顶及建筑物进行立体绿化美化,防治水土流失,改善城市生态环境。

另外,对于旅游风景区需要在旅游淡季抓紧对被破坏的植被进行生态修复和裸地补绿,在保护原有植被的基础上,扩大和恢复植被的覆盖度,提高景区的森林覆盖率,减少园地和坡地的水土流失。总之,尽可能用软覆盖代替城市的硬覆盖,通过增加雨水入渗来增加土壤蓄水容量和控制裸露地面的水土流失,以使城市生态环境得到根本的改善。

(六)水土保持工程措施

城市的水土流失治理在生物措施难以奏效的区域,应根据具体情况采取拦渣、护坡、土地整治、防洪排水、防风固沙、泥石流防治等工程措施来达到控制水土流失的目的。如在开采场设立弃渣场,专门用来堆放废渣、弃土,并在堆放场四周砌挡土墙或活动隔板,防止弃渣流失;沿开采面边缘开截水沟,周围开设排水沟,形成完整的排水系统,并在排水口设置沉沙池,将泥沙流失尽量控制在开采区范围内。

四、城市水土保持工作展望

城市化是社会发展的趋势,而城市建设必然伴随着城市水土保持的开展而进行。城市水土保持规划、监督和管理保证城市化进程中各项建设工程按照现代城市的建设标准进行实施。无论是建设山水城市、园林城市、花园城市和生态城市,都须强调开发建设中的水土保持生态环境建设。城市水土保持与城市林业、城市园林、城市生态建设等众多学科的内容相互交叉、相互渗透,城市水土保持还需要在实践中进一步探索和研究,以不断丰富其内涵,全面提升城市水土保持生态环境建设的水平,加快城市生态环境建设的进程,推动生态城市和可持续城市的建设。

第三节 生态城市建设

20世纪80年代,苏联提出了生态城市的概念。通俗地讲,生态城市是人与自然和谐发展,人的建设与自然的选择相统一的人居形态的总和。我国生态学家马世骏(1984)认为:生态城市是自然系统合理、经济系统有利、社会系统有效的复合生态系统。总之,生态城市即为结构合理、功能高效、关系协调的城市。其具体内容为,城市空间布局合理,基础设施完善,人的建设与自然的选择相统一,环境清洁优美,生活安全舒适,物质能量高效利用,信息传递流畅快速,经济发展、社会进步、环境保护三者保持高度协调,人与自然互惠共生、和谐发展、生态良性循环的城市复合生态系统。按照国际上生态城市建设要求,城市地面应尽量减少混凝土覆盖面积,采用自然排水系统以利于雨水的渗透,理想指标是

80%的裸露地具有透水功能。如石板路和植草砖路等生态道路,其缝隙中的草、土壤和水分能起到降低地面温度的作用。

一、城市森林绿化的原则

(1)绿化覆盖率。世界卫生组织推荐的城市绿化标准为绿化覆盖率40%,建筑绿化用地率40%,人均绿地面积$40 \sim 60$ m²。我国按城市人均10 m²再增高$1 \sim 1.5$倍,较理想的定额为每人拥有25 m²以上的绿地。根据我国城市绿化要求,有条件的城市绿化覆盖率近期内应达到30%,远期争取达到50%。每人平均公共绿地的面积近期争取达到$6 \sim 10$ m²。新建城市园林绿地面积应占城市总面积的30%。

(2)树木选择原则。乡土树种为主,外来树种为辅;常绿树为主,落叶树为辅;乔、灌、藤、蔓、花卉、草坪、地皮相搭配;阔叶为主,针叶为辅。商贸区、文化区、工厂区等要区别风格,搭配不同的树种。

(3)森林绿化与新建筑物同步发展的原则。

二、城市生态基础设施建设

目前,生态城市虽然还没有明确统一的具体标准,但城市生态基础设施的建设必将成为生态城市的重要支柱。北京大学景观规划设计中心曾前瞻性地提出了城市生态基础设施建设的十大战略。具体内容为:

(1)维护和强化整体山水格局的连续性与完整性。维护和强化整体山水格局的连续性与完整性是保证城市生态安全的关键措施之一。高速公路及城市盲目扩张造成自然景观基质的破碎化,大地山脉被无情地切割,江河溪流被任意截断,照此下去,大量物种将不再持续生存下去,自然环境将不再可持续,人类社会将不再可持续发展。因此,维护大地景观格局的连续性,维护自然过程的连续性成为区域及景观规划的首要任务之一。

(2)保护和建立多样化的乡土生态环境系统。大地景观是一个生命的系统,是一个由多种生境构成的嵌合体,而其生命力就在于其丰富多样性。在被城市建设吞没之前的土地上,存在着一系列代年久远、多样化生物与环境的乡土栖息地。这些地方往往具有非常重要的生态和休闲价值,保留这种景观的异质性,对维护城市及国土的生态健康和安全具有重要意义。

(3)维护河道和海岸的自然形态。河流水系是大地生命的血脉,是大地景观生态的主要基础设施。污染、干旱断流和洪水是目前我国城市河流水系所面临的三大严重问题,尤以污染最难解决。然而,人们往往把治理的对象瞄准河道本身,耗巨资进行河道整治,铺设水泥渠道,反而使欲解决的问题更加严重。如水泥护堤衬底,大江南北各大城市水系治理中几乎无一幸免,结果许多动植物无处安身;又如河道的裁弯取直,实际上,弯曲的水流更有利于生物多样性的保护,有利于削减洪水的灾害性和突发,为各种生物创造适宜的生境,而且又尽显自然形态之美。因此,治河之道在于治污,而非改造河道。

(4)保护和恢复湿地系统。

(5)城郊防护林体系与城市绿地系统相结合。在城市扩建过程中,一些沿河林带和沿路林带,因河岸整治或道路拓展而被伐去。实际在城市建设过程中保留原有防护林网并将其纳入城市绿地系统之中是完全可能的。这样通过逐步丰富原有林带的单一树种结构，由单一的防护林带功能向综合的多功能的城市绿地转化。

（6）建立无机动车"绿色"通道。鼓励人们弃车从步，走生态和可持续的道路。以汽车为中心的城市是缺乏人性、不适于人居住的。从发展的角度来讲，也是不可持续的。"步行社区"、"自行车城市"已成为国际城市发展的一个新标志。社区内部、社区之间、生活与工作场所以及和休闲娱乐场所之间的步行生态路，已成为未来城市建设所追求的目标。

（7）开放专用绿地系统。单位制是中国城市形态的一大特征。通过拆墙透绿、见缝插绿和开放单位的专用绿地，让公众享用专用绿地。该过程实质上正是提高城市居民道德素质和公共意识的过程。在看不见的电子系统监护下，一个开放的绿地可以比封闭中的绿地更加安全。

（8）"溶解"公园，使其成为城市的绿色基质。现代化城市中，公园是居民日常工作与生活环境的有机组成部分，这意味着城市公园在地块划分时不再是一个个孤立的绿色块，而是弥漫于整个城市用地中的绿色液体。

（9）"溶解"城市。将保护利用高产农田作为城市绿地的有机组成部分，使城市不断地被"溶解"。大面积的乡村农田成为城市功能体的"溶液"，高产农田渗透入市区，城市机体延伸入农田之中，农田将与城市的绿地系统相结合，成为城市景观的绿色基质。这不但有益于改善城市的生态环境，为城市居民提供农副产品，同时也为城市居民提供了良好的休闲和教育场所。

（10）建立乡土植物苗圃。

三、生态城市建设的主要内容

（一）城市生态环境工程建设

1.城市绿化工程建设

城市绿化工程主要包括：①城市园林绿化；②街道景点、行道树绿化；③城市山林绿化；④城市农业、果林基地建设；⑤城市花卉基地建设等。我国园林城市的建设标准为：城市绿化覆盖率35%以上，建成区绿地率30%；城市街道绿化的普及率95%，市区干道绿化面积不少于总用地面积的25%，形成林荫路系统，达到"三季有花，四季常青"；生产绿地面积占城市建成区面积的2%～3%，城市绿化美化的苗木自给率达80%以上。如广州市在建设生态城市过程中，以"绿岛效应"抑制"热岛效应"，城市建设定位为具有热带、亚热带风情和岭南文化氛围的山水田园型生态城市。

城市绿化工程既是美化城市景观和改善城市生态环境的主要组成部分，也是高标准防治城市水土流失的生物措施。

2.城市环境污染治理工程建设

城市环境污染治理工程主要有：①城市污水处理工程建设；②城市废气治理工程建设，包括工业锅炉废气治理、工厂烟囱烟气治理、机动车尾气治理、饮食业油烟废气治理、燃气工程、清洁能源等；③垃圾治理工程建设，包括垃圾分类收集、垃圾填埋场建设、垃圾焚烧发电厂建设等；④噪声治理工程建设，包括加强道路系统建设和交通管理，调整空间布局,强化工业噪声防治,加强对施工工地和第三产业的噪声管理等。

如大连市的环境治理遵循人与自然和谐的最高原则,按生态规律办事,提出了"不求最大,但求最好"的城市发展思路,进行了一场"环境革命"。以搬迁改造污染企业为突破口,重新构造城市框架。在短短的10年时间中,搬迁改造了105家重污染企业,实现了产业结构、能源结构、技术结构、人才结构及经济增长方式的调整和更新换代,通过在搬迁中的重组和提升,体现了"环境革命"的内涵。10年来,投入巨资建广场、种草种树、治理沟河,实施"蓝天碧海"工程,使城市基础设施和城市功能得以逐步完善和提升。如今,70%的城市污水处理率,40%的城市绿化覆盖率,人均8.5 m^2 的公共绿地,90%的城市生活垃圾处理率,98%的燃气普及率,54%的集中供热率,这些基础数据已成为大连市最具潜力的发展财富,也是该市实现经济良性发展的"绿色平台"。大连市的经验是追求城市的生态化,以最小的环境代价,获得最佳的经济效益、社会效益和环境效益,实现环境与经济的"双赢"。

3.城市江河水体整治、生态恢复和河岸绿化工程建设

城市河流清洁水源工程,如水源涵养工程、水资源管理工程、河段整治工程、流域综合整治工程等。

4.城市矿场生态恢复工程建设

城市矿场生态恢复工程包括城区石场、矿场生态恢复和整治工程等建设。

5.城市生态住宅建设

"生态住宅"有严格的技术标准,它要求在能源和水、气、声、光、热、环境以及绿化、废物处理、建筑材料等方面,符合国家有关标准。

(二)城市郊区农村生态环境建设

1.森林资源保护和林业建设

其主要内容为:①生态公益林工程建设,包括各种防护林,如沿海防护林、防风固沙林、水土保持林、水源涵养林、农田牧场防护林等工程建设;②自然保护区生态系统工程建设;③森林公园建设,包括城市和城郊的森林公园建设;④特种用途林建设;⑤退耕还林退牧(或还草)工程建设等。

2.农田、果木生态保护

其主要内容为:①基本农田保护建设,制定农业资源区划,划定基本农田保护区;②农田标准化工程建设,制定和完善有关基本农田保护、农业环境保护、农业技术推广和化肥农药使用的规章制度;③农用化学污染防治工程建设,农田施用的城市生活垃圾、农用灌溉水、化肥、农药均要符合国家有关标准,合理使用农药、化肥,建设禽畜粪便资源化工程,推广使用有机肥、复合肥;④农田林网化建设等,建设以农业生产基地、生态农业为主体的农业生态保护区。

3.水利建设,水土保持

封山育林,建设保护水源林和生态公益林。乡镇区域开发、低丘荒坡开发,扩大农地面积,采取生物与工程措施相结合的方法,有效防治水土流失的形成。

4.生态农业建设

生态农业是按自然生态规律和经济生态规律进行经营与管理的集约化农业体系,是现代化农业的新模式。它因地制宜,合理布局,农、林、牧、渔、副多种经营有机整合,全面发展。它以绿色植被覆盖最大、生物产量最高、光合产物利用最合理、经济效益最好和动态平衡最佳为标志。

(三)城市自然保护区建设和生态景观保护

建设各种类型的自然生态保护区,如温泉保护区、水库水源林保护区、野生动植物保护区、鸟类保护区、鱼类保护区、文物古迹保护区等。

(四)生态文明建设

生态文明是一种尊重自然,人与自然和谐发展的文明。生态文明建设是人类在改造利用自然的过程中,既获利于自然又还利于自然,既改造自然生态又保护自然生态,人与自然协调和谐,互惠共荣的双向运动。城市生态文明建设的主要内容为:

(1)生态道德建设。生态道德是人们在生态这个公共生活中,为维护人类生存条件和经济持续发展,自觉调节人与自然之间关系所必须遵循的共同行为准则。生态道德建设主要包括生态道德教育建设和生态道德修养建设。

(2)生态意识建设。生态意识是人类在高度文明的基础上形成的先进理念。包括提高生态环境意识;改变传统的资源利用观念、价值观念,树立生态环境价值观、资源环境容量有限的观念等。

(3)生态文化建设。城市生态文化是城市生态环境同人类活动相互作用的结果,是人们在认识和处理生态问题的实践活动中所形成的文化成果。生态文化建设包括:生态文化制度建设;生态文化联络网站建设;加快生态艺术品的开发和中华民族生态文化宝库的开发,充分挖掘生态城市文化内涵,塑造鲜明的生态城市文化主题;改造生态文化工程,如生态文化博物馆,生态城市标志性工程;培育生态城市功能区域,如生态学校、生态社区等。

思考题

7-1 城市化对地貌和气候有何影响?

7-2 简述城市化对水文过程的影响。

7-3 何谓城市水土流失? 城市水土流失有何特点?

7-4 城市水土保持生态建设的措施主要包括哪些方面的内容?

7-5 什么叫生态城市、生态文明? 城市生态基础设施建设主要包含哪些方面的内容?

第八章　风沙区水土保持生态建设

我国是世界上沙漠面积大、沙漠分布广和沙漠化危害严重的国家之一。20 世纪末，我国土地荒漠化面积达 263.62 万 km²，占国土总面积的 27.46%，主要分布于西北、华北北部、东北西部和西藏的西北部地区。其中，109.2 万 km² 分布于人为活动频繁、人口密集的干旱和半干旱地区，约占土地荒漠化面积的 41.6%。近年来，全国风蚀荒漠化土地面积平均每年扩大 3 460 km²，造成了气候难民的形成，部分区域被迫进行生态移民。荒漠化给我国经济发展和人们生活带来了严重的影响，造成了土地生产力下降、可利用土地面积减少；生产和生活条件恶化；农田、牧场、城镇、村庄、交通线路和水利设施等受到严重威胁。在北方的万里风沙线上有 1 400 万 hm² 的农田经常受到荒漠化的危害；约 1.4 亿 hm² 草场发生退化。随着我国经济发展战略向中西部转移，防止荒漠化扩张，遏制和垦复已经荒漠化的土地，增加土地生产力，维护土地资源的可持续利用已成为亟待解决的问题。

第一节　生物固沙技术措施

生物固沙又称植物固沙。生物固沙的主要作用在于通过提高植被覆盖率，防止土地的风蚀，促使流动沙丘向半固定沙丘、固定沙丘和稳定沙地转化；植物固沙通过改善沙地生境条件，促使生态系统的恢复和形成稳定的生态系统，减免风沙形成的生态灾难，为当地生产、经济的健康、稳定和持续发展奠定必要的生态环境基础。生物固沙技术措施主要有封沙育林育草、营造固沙林和防风固沙防护林体系。

一、封沙育林育草，恢复天然植被

封沙育林育草（简称封育）是在植被遭受破坏和有希望生长植物的沙地上，建立某种防护设施，严禁人畜破坏，为天然植物提供休养生息、滋生繁衍的条件，使植被逐渐得到恢复。

在我国防沙治沙工程十年规划中，其重要措施之一就是封沙育林育草治沙。在十年规划中要求全国封育治沙面积达 266.7 万 hm²，占治沙总面积的 40%，比人工造林（占20%）和飞机播种（占10%）两项之和还多。可见封育措施已成为重要的防沙治沙方法。

在我国干旱、半干旱风沙地区，通过采取封育措施，通常在几年内可使流沙地达到固定、半固定状态。如内蒙古自治区，20 世纪 50 年代全区封沙育草 260 万 hm²，使大面积流沙基本得到固定。内蒙古伊金霍洛旗毛乌聂盖村从 1952 年起封沙育草约 17 300 hm²，至1960 年，已由流沙变成以沙蒿为主的固定沙地；据调查，鄂托克旗开垦的荒漠化草原，一经弃耕封禁，天然植被很快繁生，1～2 年以星星草（*Puccinellia tenuflora*）、狗尾草（*Setaria viridis*）、灰藜（*Chenopodiumalbum*）、蒺藜（*Tribulus terretris*）为主，总盖度达 70%；3～5 年赖草（*Leymussecalinus*）、白草（*Pennisetum flaccidum*）等根茎植物繁生，6～10 年恢复到接近当地的稳定植被。又如辽宁的建平、台安、锦县、盖平等半干旱地区,通过封育使 35 km 长的大凌河两岸沙地长满了各种乔灌草植物,很快覆盖了沙面。

(一)封沙育林育草措施

封育主要采用如下具体措施:

(1)划定封育范围。封育范围按需要而定,在与荒漠绿洲接壤的封育带,宽度多在 300 ~ 1 500 m。在沙源丰富风沙活动强烈地区,宽度宜更大些,反之则可缩小。

(2)建立防护设施与护林组织。为防止牲畜侵入破坏,在划定的封育区边界上,通常需建立防护设施,如荆棘围栏、枝条栅栏、电围栏、网围栏等。建立专门护林组织负责防护。

(3)制定封禁条例。通常在封育的 3 ~ 5 年内,植被尚未恢复到足以控制流沙时,禁止一切放牧、樵采等活动,以后则可适当进行有计划的利用,管护组织要严格执行管理制度。

(4)绿洲边缘的封育带应利用农田余水灌沙,加速植被的恢复。根据新疆、内蒙古等地的经验,凡引水灌沙地区,封育 3 ~ 4 年后,天然植被的覆盖度可由 20% ~ 30% 增加到 50% ~ 60%,流沙趋于固定。

(二)封沙育林育草典型实例

1. 红花尔基樟子松林封育

20 世纪 50 年代前由于修建中东铁路,呼伦贝尔草原沙地樟子松林遭到严重破坏。50 年代后在红花尔基等地建立了林业机构,通过封育,使这片濒临灭绝的松林,得到迅速恢复和发展。其封育防护措施为:严禁滥砍、滥伐、滥牧,加强防火防虫工作,分道设卡,严格检查。红花尔基属森林草原地带,年均气温 −2.4 ℃,1 月均温 −28.3 ℃,绝对最低气温 −49.3 ℃,7 月均温 20.5 ℃,年均降水量 322.8 mm,年蒸发量 1 403.8 mm,无霜期 110 d。樟子松天然更新能力强,林带两侧和单株、团块母树周围都有更新幼苗,封育后效果显著。1956 年,第一次清查时,林地面积为 0.89 万 hm²,封护到 1974 年再次清查时,林地面积已达 11.2 万 hm²,相当于平均每年纯增林地 5 767 hm²。

樟子松适应性强,生长快,结实量大,是沙地上最有前途的珍贵用材树种。红花尔基樟子松林封育成果也反映了森林与草原之间的转化规律。

$$樟子松林 \underset{封禁保护}{\overset{滥砍、滥牧}{\rightleftharpoons}} 草原$$

2. 干旱区绿洲边缘天然植被封育

灌溉绿洲是荒漠地区农业及经济的精华,因其多与沙漠、戈壁毗连,有的则位于沙漠之中,由于长期樵采与过度放牧,老绿洲边缘和内部分布着流动和半流动沙丘。新绿洲由于对沙生植物保护不够,绿色屏障遭到破坏,以致风沙危害比较严重。我国在治理绿洲沙害营造林带林网的同时,绿洲边缘封沙育草,保护天然植被已成为绿洲防护体系重要的内容之一。由于封育,形成一定宽度的固沙植物带。灌丛沙堆上常着生柽柳、白茨等植物,丘间低地和平沙地着生甘草、苦豆子、籽蒿、油蒿、骆驼刺、芦苇和芨芨草等植物。由于大气落尘、植物枯枝落叶、植株分泌物、苔藓地衣及微生物的作用,沙表形成结皮,成土过程加速,沙层变得紧实,抗风蚀能力大大提高。如在吐鲁番四周 300 多 km 的风沙线内,绿洲内部封沙育草面积达 1.3 万 km² 以上。乌兰布和沙漠北部与后套绿洲接壤地带,结合营造防沙林带建立的封沙育草区,长达 135 km,宽 1～2 km,植被盖度一般已恢复到 40%～50%,有的达 70%～80%,成为保护绿洲的生态屏障。

封育恢复植被见效快,成本低。据计算,封育成本仅为人工造林的 1/20(灌溉)到 1/40(旱植),为飞播造林的 1/3。可以在干旱、半干旱和亚湿润地区推广应用。此外,封育同时也可以进行人工补种、补植、移植和加强管理,以加速生态修复。

二、固沙林的营造

我国沙区的劳动人民,在长期与风沙斗争中,积累了不少行之有效的经验和固沙方法。这些方法的特点是,固沙与造林相结合,乔、灌、草相结合,既减轻风沙危害,又将沙荒地改为生产基地。其具体方法有以下几种。

(一)前挡后拉

在新月形沙丘链丘间低地比较大的情况下,可首先在风蚀较弱的丘间低地和迎风坡下部造林。丘间低地的林木形成沙丘的前挡林带,迎风坡下部的林木形成沙丘的后拉林带,以后逐年逼近沙畔造林,待沙丘地形变缓,即全部造林固定(见图 8-1)。为避免背风坡前面的林木被沙埋压,在营造前挡林带时,应在背风坡前面留出一定空距。格状沙丘丘间低地很小,前挡林和后拉林可结合为一体,亦称为满天星造林法(见图 8-2)。

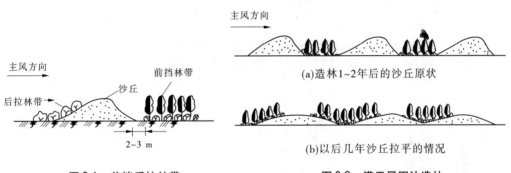

图 8-1　前挡后拉林带

(a)造林 1～2 年后的沙丘原状

(b)以后几年沙丘拉平的情况

图 8-2　满天星固沙造林

(二)又固又放

这种造林方法是固定一些流动沙丘,让另一些流动沙丘继续移动,使丘间低地逐渐扩大连成片(见图 8-3)。其具体的施工过程是:先在许许多多的流动沙丘中,选定奇数排或

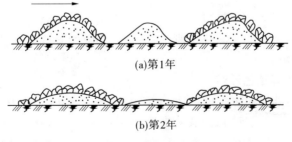

(a)第 1 年

(b)第 2 年

图 8-3　又固又放造林法

偶数排沙丘作为固定沙丘,用先设置沙障而后造林的办法,使其全面迅速地固定起来;而对其余的奇数或偶数排沙丘,不仅不加任何固定措施,反而用清除天然植被,大风时用人工扬沙等办法,促使其更快地流动,过几年后,让其移动的沙丘移到被固定的沙丘位置,沙粒被已固定的沙丘上的植被所固定,两排固定的沙丘体积增大了,而两沙丘中间的丘间低地变成了平坦宽阔的沙地。这种造林方法,主要适用于湖盆滩地边缘地带较小的沙丘、移动速度较快的新月形沙丘和新月形沙丘链。采用这种方法固沙,可使丘间低地逐渐扩大连片,以供作农田、果园用地。如榆林县海流湾大队用这种方法固沙造林,开辟出大片农田,采取上排下灌等措施,把丘间沙地变成旱涝保收的高产稳产农田。

(三)沙湾造林

这是一种在丘间低地(沙湾)进行固沙造林的方法。主要适用于格状沙丘和新月形沙丘链。其施工方法比较简单,第一年在丘间低地造林,第二年在沙丘移动后新出现的丘间低地(群众也叫退沙畔的地方)继续造林,年复一年,直至流沙被固定,沙丘基本夷为平地为止(见图8-4)。

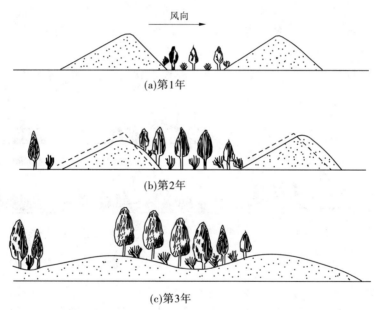

(a)第1年

(b)第2年

(c)第3年

图8-4　沙湾造林法

三、绿洲防护林体系营造技术

绿洲防护林体系主要由三部分组成:一是绿洲外围的灌草固沙带,二是防风阻沙林带,三是绿洲内部农田林网。

(一)绿洲外围的灌草固沙带

该部分为绿洲最外部的防线,它接壤沙漠戈壁,地表疏松,处于风蚀风积都很严重的生态脆弱带。为制止就地起沙和拦截外来流沙,必须建立宽阔的抗风蚀、耐干旱的灌草带。具体方法是:一靠自然繁生,二靠人工种植。通常是二者兼施。灌草带必须占据一定的空间范围,并达到一定的高度和盖度才能发挥固沙防蚀、削弱风速的作用。因此,灌草固沙带的宽度至少应达到200 m,若有条件时,越宽越好。

(二)防风阻沙林带

防风阻沙林带位于灌草带和农田之间。其作用是继续削弱越过灌草带的风速,沉降风沙流的剩余沙粒,进一步减轻风沙危害。

防风阻沙林带应从绿洲周边开始营造,以后逐渐向外扩展使林带不断加宽,即"由近及远,先易后难"。若为沙丘地段,先在丘间低地造林,前挡后拉,分隔包围沙丘;随着沙丘前移丘顶被风力削平,在退沙畔进行造林,以扩大沙丘林地面积,形成成片稠密的防风阻沙林带。

(1)树种组成。防风阻沙林带应由乔灌木结合、多树种混交以形成紧密结构的林带。在接近外来沙源的一侧,耐沙埋的灌木比重应增大。我国西北绿洲防风阻沙林带的常用的乔木树种如沙枣、小叶杨、新疆杨、箭杆杨、青杨、旱柳和榆树等;灌木树种如梭梭、柽柳、酸枣、柠条、花棒及沙拐枣等。

(2)林带宽度。防风阻沙林带的宽度取决于沙源情况。当大面积流沙侵入绿洲的前沿地区,风沙危害严重,不适宜作为农业用地时应全部用于造林,或营造多带式的窄带防护林。林带宽度可达几百米乃至千米以上;若绿洲与沙丘接壤地区为固定、半固定沙丘,林带宽度为30~50 m;若绿洲边沿为缓平沙地或风蚀地,风成沙较少时,林带的宽度为10~20 m,最宽不超过30~40 m。

(三)绿洲内部农田林网

这是绿洲的第三道防线,位于绿洲内部,在农田内形成纵横交错的防护林网格,其作用同农田防护林。不同的部分是它还要控制绿洲内部的土地在遇到大风时不会起沙。若为透风结构的林带小网格窄林带的防护效果较好,一般3~6行乔木,5~15 m宽即可。

第二节　荒漠化工程防治技术

一、机械沙障固沙

机械沙障(简称沙障)是采用柴、草、树枝、黏土、卵石、板条等材料,在沙面上设置的各种形式的障碍物。沙障通过控制风沙流动的方向、速度、结构,以改变蚀积物状况,达到防风固沙、阻沙、改变风的作用力及地貌状况等的目的。沙障是工程治沙的主要措施之一。

(一)机械沙障的类型

机械沙障所用材料、设置方法、配置形式以及沙障的高低、结构、性能等不尽相同。通常根据防沙原理和沙障的设置方法分为平铺式和直立式两大类。

(二)机械沙障的作用原理

平铺式沙障是固沙型的沙障,利用柴、草、卵石、黏土铺盖在沙面上,以此隔绝风与松散沙面的接触,达到风过而沙不起,起到就地固定流沙的作用。如柴、草、卵石铺盖沙面对水分的下渗影响不大,对固沙植物生长也无影响。

直立式沙障,大多属积沙型沙障。防沙原理主要为:风沙流经过的线路上,无论碰到任何障碍物的阻挡,风速降低,挟带沙子的一部分会沉积在障碍物的周围,以此来减少风沙的输沙量,从而起到防治风沙危害的作用。

风沙流中的沙子,有80%~90%是在近地表30 cm的气流以内,且大半又集中在贴近地表10 cm的高度范围内。因此,不需设置很高的沙障,就可以使流沙得到控制。

(三)沙障设置方法

(1)高立式沙障。地上高度在50~100 cm;材料为芨芨草、芦苇、板条和高秆作物;设置方法是:把秆高质韧的草类截成70~130 cm长,按沙丘上规划好的线道,随挖沟随把这些材料均匀地插放沟中,沟深20~30 cm,梢端朝上,基部插入沟内,使之密接排紧,下部适当加些较短的梢头,使密度稍大些,两侧培沙,扶正踏实,培沙要高出沙面10 cm左右,以使沙障稳固。设置沙障以秋末冬初时进行效果较好。

(2)半隐蔽式沙障。材料:麦秆、稻草、芦苇等;设置方法:将草按沙障规格所划好的线道,均匀横铺在线道上(线道与害风风向垂直),然后用平头锹压在平铺的草带的中段用力下踩,直压达沙层深10~15 cm,使草两端翘起,再从两侧培沙踩实,地上保留20 cm高左右。

(3)平铺沙障。材料:枯枝或秸秆;设置方法:将枯枝或秸秆全面或带、格状平铺在沙面上,厚5~10 cm。若为带状时,带和带间的宽度均为1~1.5 m,并与主风方向垂直。铺后用湿沙盖住,使秸秆和湿沙混在一起不易被风吹走。此种沙障对改良沙地、提高沙地肥力也具有一定的作用。

二、水力拉沙

水力拉沙是以水为动力,按照需要将沙子进行输移,以改造利用沙漠。水力拉沙的实质是利用水力定向控制蚀积物搬运,达到除害兴利的目的。

(一)水力拉沙的意义和作用

(1)增加沙地水分,为植物生长发育创造条件,还可以增强地表的抗蚀性。

(2)改变沙地的地形。沙区地势起伏不平,经水冲沙塌,冲高淤低,把各种不同沙丘地形改造成平坦地,并能节省劳力,提高工效。

(3)改良土壤。可改变其机械组成,溶解并增加无机盐类,促进团粒结构的形成,沙地的理化性质得到改善。

(4)促进沙地综合利用。由于水力拉沙改变了水分、地形、土壤、小气候等自然条件,为农、牧、渔等各项生产事业创造了有利条件。

(二)引水拉沙修渠

拉沙修渠是利用沙区河流、海水、水库等的水源,自流引水或机械抽水,按规划的路线,引水开渠,以水冲沙,边引水边开渠,逐步疏通和延伸引水渠道。

由于沙区特殊的自然条件,在拉沙修渠时的规划、设计、施工、养护等方面的特点是:适应地形、灵活定线、弯曲前进、逐步改直;沙粒松散、容易冲淤、比降宜小、断面宜大;引水拉沙、冲高填低、水落淤实、不动不夯;引水开渠、以水攻沙、循序渐进、水到渠成。

引水拉沙修渠的根本目的是开发利用和改造治理沙漠与沙地。其直接目的是在修渠的同时,可以拉沙造田,扩大土地资源;引水润沙,加速绿化,为发展农、林、牧业创造条件;

拉沙压碱,改良土壤;拉沙筑坝,建库蓄水,实行土、水、林综合治理。所以,引水修渠要与拉沙造田、拉沙筑坝等治沙方法紧密结合,统筹兼顾,全面规划,使开发利用与改造治理并举,水利治理与植物治理并举;消除干旱、风沙、洪水、盐碱等危害,农、林、牧、副、渔得到全面发展。

(三)引水拉沙造田

引水拉沙造田是利用水的冲力,把起伏不平、不断移动的沙丘,改变为地面平坦、风蚀较轻的固定农田。这是改造利用沙地和沙漠的一种方法,是水利治沙的具体措施。

引水拉沙造田的田间工程包括引水渠、蓄水池、冲沙壕、围埝、排水口等(见图8-5)。这些田间工程的布设,既要便于造田施工,节约劳力,又要照顾造出的农田布局合理。

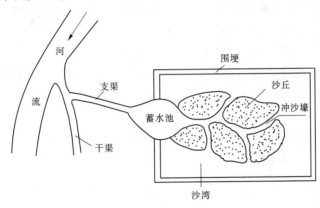

图8-5 拉沙造田田间工程布设示意图

引水渠连接支渠或干渠,或直接从河流、海子开挖。引水渠上接水源,下接蓄水池。造田前引水拉沙,造田后大多成为固定性灌溉渠道。如果利用机械设备从水源直接抽水造田,可不挖或少挖引水渠。

蓄水池是临时性的贮水设施,利用沙湾或人工筑埝蓄水,主要起抬高水位、积蓄水量、小聚大放的作用。蓄水池下连冲沙壕,凭借水的压力和冲力,冲移沙丘平地造田。在水量充足压力较大时,可直接开渠或用机械抽水拉沙,不必围筑蓄水池。

冲沙壕挖在要拉平的沙丘上,水通过冲沙壕拉平沙丘,填淤洼地造田块,冲沙壕比降宜大,在沙丘的下方要陡,这样水流通畅,冲力强,拉沙快,效果好。冲沙壕一般底宽0.3~0.6 m,放水后越冲越大,沙丘逐渐被冲刷而流入壕沟,沙子被流水挟带到低洼的沙湾,削高填低,直至沙丘被拉平。

围埝的作用是拦截冲沙壕拉下来的泥沙和排出余水,使沙湾地淤填抬高,与被冲拉的地段相平。围埝用沙或土培砌筑而成,拉沙造田后变成农田地埝,设计时最好有规格地按田块规划修筑成矩形。

排水口要高于田面,低于田埝,起控制高差、拦蓄洪水、沉淀泥沙、排除清水的作用。施工中常用田面大量积水的均匀程度来鉴定田块的平整程度。经过粗平后,把田面上的积水通过排水口排出。排水口应按照地面的高低变化不断改变高差和位置,一般设在田块下部的左右角,使水排到低洼沙湾,引水润沙,亦可将积水直接退至河流及河道。排水口还要用柴草、砖石护砌,以防冲刷。

三、林草与工程相结合的防治技术

沙区铁路自然条件差异很大,沙害原因、形式、程度不同,治理特点与难易程度也不同。在草原地带,自然条件相对较好,沙害的主要原因是植被被破坏,因此防治措施应以植物固沙为主,工程措施为辅;半荒漠地带自然条件很差,植物固沙较草原区困难得多,沙害防治必须采取植物固沙和工程固沙相结合的措施;荒漠地带自然条件更加恶劣,降雨过少,不能满足植物需要,沙害防治以工程措施为主,只有具备引水灌溉条件时才能进行植物固沙。下面以半荒漠沙区铁路防护体系为例来说明林草与工程相结合的防沙固沙技术。

包兰(包头—兰州)线是我国第一条穿越沙漠的铁路。该线在宁夏中卫市穿越腾格里沙漠的沙坡头东西 16 km 的地段,沙丘起伏,风沙危害十分严重。20 世纪 50 年代以来,中科院兰州沙漠所以及相关科技人员与中卫人民一道,经过 30 多年的艰苦实践,建成了中卫沙区铁路治沙防护体系(见图8-6)。这一模式是我国乃至世界沙漠铁路建设史上的创举,曾获国家科技进步特等奖和"联合国全球环境 500 佳"荣誉称号。

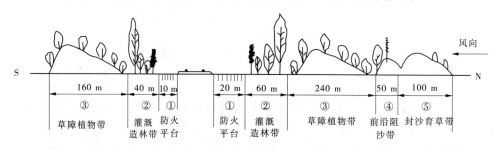

图8-6 中卫沙区铁路治沙防护体系模式图

"五带一体"铁路防沙治沙防护体系模式,按照"因地制宜,因害设防,就地取材,综合治理"的原则,采取了以固为主,固、阻、输结合,生物和工程相结合的综合防护措施,体现了以沙治沙的思想,是我国沙漠铁路建设史上的一项重大创举。该体系包括固沙防火带(防火平台)、灌溉造林带(水林带)、草障植物带(旱林带)、前沿阻沙带(人工阻沙堤)和封沙育草带(自然繁殖带)等五带。

(1)固沙防火带。在路基迎风面 20 m、背风面 10 m 的范围内,清除植物,整平沙丘,铺设 10 ~ 15 cm 厚的卵石、黄土或炉渣,以满足固沙防火需要。

(2)灌溉造林带。利用紧靠黄河的水源条件,通过四级扬水,总扬程 170 余 m,引水上沙丘进行灌溉造林,建立乔灌混交林带。该带位于固沙防火带外侧迎风面宽 60 m、背风面宽 40 m 的范围内。通过整修梯田,修筑灌渠,然后设障固沙造林灌溉,3 ~ 5 年形成稳定可靠的防护林带。

(3)草障植物带。本带是"体系模式"的核心部分。它包含了铁路治沙中植物固沙和机械固沙两部分最重要的内容。在灌溉带外侧,迎风面 240 m 左右、背风面 160 m 左右的范围内,在流沙上全面扎设 1 m×1 m 半隐蔽式麦草方格沙障,在草障保护下栽植 2 行 1带、株行距 1 m×1 m 的沙生旱生灌木(如花棒、柠条等)。依靠天然降水生长发育,达到防风、固沙、护路的作用。在实际中扎沙障、造林都不可能一次成功,需反复多次。在此,生物措施、工程措施是同等重要的。

（4）前沿阻沙带。草障植物带外缘迎风面有相当宽（60～100 m）的范围，由于受到流沙区风口和风沙强烈活动的影响，存在着严重的沙埋和风蚀危害。为保护草障植物带外缘部分的安全，用高立式沙障建立前沿阻沙带，以阻止外侧风沙流破坏草障植物带。因此，前沿阻沙带用柽柳笆或枝条做成地上高 1 m、地下埋深 30 cm 的沙障，并将其加固成折线形，设置在丘顶或较高位置，以起到阻沙积沙的作用。

（5）封沙育草带。在前沿阻沙带迎风面百米范围内封沙育草，并在沙丘上局部设置 1 m×1 m 的草沙障，栽植或播种沙生植物，促其自然繁殖，提高植被盖度，以减轻阻沙带的压力。

以上为完整的"五带一体"铁路防沙治沙防护体系模式。因各地条件各异，不必照搬该模式，可以灵活予以应用。但应明确草障植物带是体系中的主体部分。

思考题

8-1　简述生物固沙的主要作用。

8-2　应如何实施封沙育林育草措施？

8-3　绘图说明"前挡后拉"固沙林和"又固又放"固沙林的主要特点各是什么？

8-4　绿洲防护林体系由哪几部分构成？各部分的主要作用是什么？

8-5　何谓沙障？简述机械沙障的作用原理。

8-6　引水拉沙的意义是什么？其中引水拉沙造田的田间工程由哪几部分构成？并说明各部分的作用。

8-7　简述"五带一体"铁路防沙治沙防护林体系中各带的作用。

第九章 水土保持动态监测与监督管理

水土保持动态监测的目的是及时、准确、全面地反映水土保持生态建设情况、水土流失动态变化及发展趋势，为水土流失的预防、预报、预测、监督、管理与宏观决策提供可靠的科学依据。通过监测全面准确地评价水土保持生态建设的综合效益，完善和提高水土保持生态建设的管理水平，使水土保持生态建设在经济社会的发展中发挥更大的作用。

第一节 水土保持监测的内容

一、水土保持监测的作用

（1）为项目建设提供基础资料。以监测资料作为本底信息库，为水土保持生态建设和其他项目建设的评估、可行性研究、规划、设计等提供基本资料。

（2）监测成果为水土保持项目管理提供可靠的依据。通过监测及时准确判断水土保持生态建设项目是否符合相关标准，是否达到预期目标。为不断完善水土保持生态建设管理体系、提高管理水平具有一定的作用。

（3）为客观评价水土保持成效和科学决策提供重要的依据。通过动态监测以客观、准确、及时地反映出不同治理措施及其配置的影响范围、效益和成果，为进一步全面开展治理工作提供可靠的依据，避免走弯路，提高治理成效。

（4）为水土保持监督执法提供依据。监测数据为执法公正、公开、科学、规范提供保证。

（5）为全面开展生态建设宣传、推动全社会增强环保意识、全民参与生态建设提供新途径。以促进水土保持生态建设在国民经济建设中发挥更大的作用。

二、水土保持监测的原则

监测工作应充分考虑服务对象对信息的需求和服务的有效性。

（一）规范性

水土保持监测应以《水土保持监测技术规范》（SL 277—2002）、《水土保持生态环境监测网络管理办法》和《中华人民共和国水土保持法》的相关条目和《中华人民共和国水土保持法实施条例》的相关规定为依据；水土保持监测方法、监测方式和范围的界定、指标等必须统一；监测的描述和表达等应按全国统一标准进行；监测方法在同一水土流失类型区具有通用性。

（二）综合性

针对不同的监测对象，应从自然、经济和社会等多方面选择监测指标，从不同的角度反映水土流失及其预防和治理情况；在监测方法上，既利用高新技术，也利用常规调查、站点观测和多年研究成果等内容,使不同方法、技术相互补充,达到监测结果全面、准确。

(三)动态性

监测应定期或不定期进行。可提供静态和动态不同状况的监测结果。通过对各类监测结果、各项专题研究和调查结果综合分析,建立各监测指标的数量化模型,以进行预测预报。

(四)层次性

宏观、中观和微观监测的层次划分,应根据监测的目的、必要性和技术条件,在全地区、重点地区和典型样点进行(如某一流域或某个地块)。

三、水土保持监测的内容

《中华人民共和国水土保持法实施条例》明确规定:"国务院水行政主管部门和省、自治区、直辖市人民政府水行政主管部门应当定期分别公告水土保持监测情况。"具体来讲,水土保持监测应包含如下内容。

(一)水土流失状况

控制和预防水土流失是水土保持生态建设的重要内容,而具体的防治措施又必须以水土流失的具体状况来确定。因此,水土流失状况的监测主要包括土壤侵蚀类型、强度、水土流失程度、分布及其危害等,如水力、风力和冻融等侵蚀的面积、侵蚀模数和侵蚀量;河道泥沙、洪涝灾害、植被及生态环境变化;水土流失对周边地区经济、社会发展的影响等。另外,水土流失因子的监测包括降雨、风、地面组成物质及其结构,植被类型及覆盖度,水土保持措施的种类、数量和质量等。

(二)土地利用现状

流域土地利用现状反映了各业生产用地的分布、用地结构及比例。各业生产用地的分布和结构不合理、掠夺或破坏土地资源的经营方式,必然会引起水土流失的加剧和生态环境的恶化。因此,从系统工程来讲,通过监测以优化和调整不合理的土地利用结构,以有利于达到保护、合理利用土地资源,获得最佳防治效果的目的。

(三)治理措施实施情况

治理措施包括水土保持生物措施、工程措施和农业技术措施。这些措施是相互结合、相互补充的,通过监测不仅反映了各项治理措施的实施状况,也反映出流域水土流失的综合治理和景观生态的改善情况。

(四)生产与收入的变化

生产水平的提高和收入的增加可以反映综合治理情况对当地经济系统影响的状况。粮食产量、林果收入、畜牧业的增值和工副业的发展等带来的经济效益,实际上反映了种植业、林业、畜牧业和工副业在综合治理活动的作用下所发生的变化。

(五)群众物质和文化生活水平的变化情况

监测内容为人均生活水平、生活消费支出、住房、文娱、卫生、交通和邮电费用等。这些变化反映了水土保持工作对社会的影响程度和范围。

按监测的类型来分,可划分为区域(如典型区域、不同侵蚀类型区域、侵蚀易发区域等)监测、中小流域监测和开发建设项目监测。

第二节 水土保持动态监测方法

水土保持监测方法包括"3S"技术、实地进行地面调查观测的方法、专项试验数理分析与预测预报等内容。

一、"3S"监测方法

(一)"3S"技术简介

"3S"即遥感(RS)、全球定位系统(GPS)和地理信息系统(GIS)。其中,RS技术用于获取影响水土流失因素的信息,GPS技术主要用于确定和获取地理位置信息,GIS技术用于编辑、分析监测信息并对其进行管理。

1.遥感(RS)简介

遥感(RS)是指通过某种传感器装置,在不与研究对象直接接触的情况下,获得其特征信息,并对这些信息进行提取、加工、表达和应用的一门科学技术。遥感技术的基础,是通过观测地物的电磁波特性,从而判读和分析地表的目标和现象。即"一切物体,由于其种类和环境条件不同,因而具有反射和辐射不同波长电磁波的特性"。因此,遥感也可以说是一种利用物体反射或辐射电磁波的固有特性,通过观测电磁波,识别物体以及物体存在环境条件的技术。

在遥感技术中,接受从目标反射或辐射电磁波的装置叫做遥感器(如照相机、扫描仪等),而搭载这些遥感器的移动体叫做遥感平台,如飞机、卫星、气球和地面测量车等。通常称机载平台的为航空遥感,星载平台的为航天遥感。

遥感的出现,扩展了人类对生存环境的认识能力,与传统的野外观测相比较,遥感技术具有以下优点:①扩大了观测范围,能够提供大范围的瞬间静态图形,以便监测动态变化;②能够进行大面积的重复观测,即使是人类难以到达的偏远地区,遥感技术也能对其进行反复观测;③大大加宽了人眼所能观测的光谱范围,遥感使用的电磁波段从X光到微波,远远超出了可见光的范围,特别是雷达遥感,由于使用微波,可以不受制于昼夜、天气变化,进行全天候的观测;④空间观测的分辨率高,如航空像片的空间分辨率可以高达厘米级。

2.地理信息系统(GIS)

地理信息系统(GIS)是在计算机软件和硬件的支持下,运用系统工程和信息科学的理论,科学管理和综合分析具有空间内涵的地理数据,以提供对规划、管理、决策和研究所需信息的技术系统。或者称地理信息系统就是综合处理和分析空间数据的一种技术系统。

地理信息系统一般由5个基本的技术模块组成:①数据输入和检查。按照地理坐标和特定的地理范围,收集图形、图像和文字资料,通过有关的量化工具(数字化仪、扫描仪和交互终端)和介质(磁带、磁盘等),将地理要素的点、线、面图形转化为计算机能够接受的数字形式,同时进行编辑检查,并输入系统。②数据存贮和数据库管理。数据库是地理信息系统的关键之一,它保证地理要素的集合数据、拓扑数据和属性数据的有机联系与合理组织,以便系统用户的有效提取、检索、更新和共享。③数据处理和分析。这是地理信息系统功能的主要体现,其目的是取得系统所需要的信息,或对原有信息结构形式的转化。④数据传输与显示。系统将分析和处理的结果传输给用户,提供应用。⑤用户界面。这是用户与系统交互的工具。通过用户询问语言的设置,提供多窗口和光标选择菜单等控制功能,为用户提供方便。

3. 全球定位系统(GPS)

GPS 是利用导航卫星进行测距,以构成全球定位系统。GPS 由以下三部分组成:

(1)GPS 导航卫星(空间部分)。1992 年 3 月以前,美国共发射了 21 颗 GPS 导航卫星,其中 18 颗是工作卫星,3 颗是备用卫星。18 颗工作卫星分别布置在 6 条相互夹角为 60°的近圆轨道平面上,每隔一条轨道配置一颗备用卫星。卫星高度离地面约 20 000 km,运行周期是 11 h 58 min,即一天绕地球两周。

(2)地面控制系统(地面站)。地面站包括 1 个主控站、5 个监测站和 3 个注入站。5 个监测站分布在美国本土和三大洋的军事基地,每个监测站在主控站的控制下跟踪接收卫星发射的 L 波段比频信号,并通过环境数据传感器收集当地的气象数据,再由信息处理器将收到的全部信息传送到主控站。每个监测站提供的监测数据形成了 GPS 卫星实时发布的广播星历。

(3)GPS 信号接收机。凡是有 GPS 接收机设备的用户均可使用 GPS 系统。GPS 接收机的任务是捕获 GPS 卫星发射的信号并进行处理。根据信号到达接收机的时间,确定接收机到卫星的距离。如果计算出 4 颗或更多卫星到接收机的距离,再参照卫星的位置,就可以确定出接收机在三维空间的位置。

(二)GIS 和 RS 的集成

RS 作为一种高效能的信息采集手段,其应用价值在于对其采集信息的综合开发和利用。在一个遥感和地理信息系统的集成系统中,遥感数据是 GIS 的重要信息源和更新手段,而 GIS 则成为支持遥感信息综合开发和提供遥感应用的理想环境。地理信息系统和遥感技术的结合实现了图形与图像处理相结合、综合分析与动态分析相结合,达到地理信息系统与遥感技术两者相辅相成的良好效果。

由于地理信息具有动态变化的特征,从沙漠化、水土流失的循序渐进到森林火灾、洪水的急速突变,都反映了地理信息随时间变化的特点。因此,要反映地理信息变化的时序性或水土流失状况的动态变化,就必须利用遥感技术及时获得信息源以对其更新并掌握最新的地理信息,以便及时为管理部门提供科学的决策依据。

(三)GIS 与 GPS 的集成

GPS 实时提供的空间定位数据与地理信息系统进行集成,可以得到定位点周围的信息。即通过将 GPS 接收机连接在安装 GIS 软件和该地区空间数据的便携式计算机上,可以方便地显示 GPS 接收机所在位置并实时显示其运动轨迹,并利用 GIS 提供的空间检索功能,得到定位点周围的信息,从而实现决策支持。GIS 和 GPS 的集成在水土资源管理、城市规划等领域得到了广泛的应用。

"3S"集成的方法可以在不同的水平上实现。最简单的方法是三种系统分开而由用户综合应用,使三者有共同的界面,做到表面上无缝集成,数据传输则在内部通过特征码相结合,最好的方法是集成为统一的系统。"3S"的集成也可利用软件予以实现,一般工具软件的实现技术方案是:通过支持栅格数据类型及相关的处理操作以实现 GIS 与 RS 的集成,而通过增加一个动态矢量图层以实现 GIS 与 GPS 的集成。对于"3S"集成技术最重要的是在应用中综合使用遥感和全球定位系统,利用其实时、准确获取数据的能力,实现在不同领域应用的目的。

二、水土保持监测尺度

(1)地面监测。可提供"地面－真实"的观测结果,可以用来鉴定飞机、卫星提供的遥感数据的准确性以及用来解释这些数据;监测范围主要包括小区或样地、空中和遥感监测的训练区等,一般比例尺为 1∶10 000;地面监测对从地面实际监测点获得最好属性的对象特别适用。如土壤侵蚀模数、泥沙输移比等。

在地面监测时,要充分利用 GPS 定位技术,以便记录监测对象的位置属性,分别注明位置、面积、长度、体积、等高线和坡度等。利用 GPS 技术可实现对数据的快速采集和实现对各属性的实时分析等。

(2)航空监测。结合地面观测和航空监测的数据可以用来校验卫星监测判读的正确性和判读精度等。航摄带宽随制图比例尺要求而定,如比例尺 1∶10 000 ~ 1∶100 000,扫描宽度为 2 ~ 10 km。

航空监测可以用来监测典型地区水土保持工程措施的分布、数量和面积等,如小流域、中型流域(100 ~ 1 000 km²)的土地利用状况,植被覆盖、淤地坝、梯田等水土保持措施的状况。

(3)卫星监测。利用卫星遥感监测技术,对大流域或大范围水土流失及其防治成果进行监测,与地面调查和航空遥感技术结合,可以判读植被覆盖、作物状况、地面组成物质区划等影响土壤侵蚀的因素,分析水土流失的分布、强度变化和治理面积等。卫星监测的最大优点是以很频繁的间隔时间重复获得资料,真正实现动态监测。

综合运用上述监测技术和手段,可以实现以下四方面的功能:①快速清查宏观区域水土流失状况;②定期清查验收水土保持治理情况;③实时分析监督执法对象的有关属性;④预测预报水土流失及其防治的发展趋势。

三、水土保持动态监测方法的主要特点

(一)地面监测

地面监测适用于水土流失及其防治效果的观测,包括水蚀、风蚀、重力和冻融侵蚀及其防治效果等。

基本侵蚀要素包括降水强度、降雨量、径流、泥沙、风速、风向、土壤质地、土壤结构、土壤有机质和土壤可蚀性等。

以水蚀为例。

1. 站点布设

(1)小区布设。小区布设应选择在不同水土流失类型区的典型地段,尽可能依托已建设的水土保持试验站,结合考虑观测管理的方便性,尽量集中于同一小流域内。

小区分标准小区和一般小区两类。标准小区选取坡面宽 5 m、投影长 20 m,坡度 5°或 15°,坡面经耕耙平后,至少撂荒 1 年,无植被覆盖;一般小区按观测项目要求,设立不同坡度和坡长级别、不同土地利用方式、不同耕作制度和不同水土保持措施。在无特殊要求时,按标准小区的规定确定,以便于比较。

（2）小区建设。如边墙材料和高出地面、埋入地下的尺寸等以及集流桶、分流桶所用材料等要求。

（3）设施安装。每个监测站应安装一个自记雨量计和一个备用雨量计。每个小区附近安装一个雨量桶,有条件的地方可利用全自动雨量观测设备进行雨量的观测。

（4）控制站布设与选址。应避开变动回流、冲淤急剧变化、分流、斜流、严重漫滩等地貌、地物,并应选择沟道顺直、水流集中、便于布设测验设施的沟道段。控制站选址应结合已有的水土保持试验观测站点及国家投入治理的小流域,并应方便观测与管理。控制站的实际控制面积宜小于 50 km²。

2. 水蚀小区和控制站观测

（1）水蚀控制站的观测内容。①水位观测。自记水位计观测水位;人工观测:每5 min 观测记录一次,短历时暴雨应每 2 ~ 3 min 观测一次。②泥沙观测。每次洪水过程观测不少于 10 次,应根据水位变化确定观测时间。用瓶式采样器采样,样品不少于 500 mL(泥沙含量采用烘干法测定;悬移质泥沙粒级每年应选择产流最多、有代表性的降雨过程进行 1 ~ 2 次采样分析)。

（2）水蚀小区观测内容。应采用自记雨量计、人工观测雨量桶观测降水总量及其过程;每场降雨后观测小区的径流和土壤流失量。

（3）风蚀监测(含观测站、观测与调查方法和观测项目等)。

（4）滑坡监测(含站点布设(位于滑坡、泥石流频繁发生且危害大有代表性的地区))。滑坡监测含降雨观测和地形变形与位移观测、地表裂缝观测、地表水、地下水和其他变形迹象及滑坡侵蚀量等。

（5）泥石流监测。项目包含流态、龙头、龙尾、历时、泥面宽、泥深、测速距离、测速时间、流速、流量、容重、径流量、输沙量、沟床纵降、流动压力和冲击力等;观测方法:①设立断面用测速雷达、超声波泥位计实现泥石流运动观测;②动力观测采用遥测数传冲击力仪、泥石流地声测定仪等方法;③输移和冲淤观测应在流过区布设多个固定的观测面采用超声波泥位计、动态立体摄影等观测;④滑坡泥石流岩土性状试验观测。

（二）遥感监测

对流域或区域进行水土保持生态环境监测,是实现对流域或区域水土流失及水土保持效益全面准确地进行实时、动态监测和预报的重要手段。可帮助决策部门掌握主要监测区内水土流失的分布、面积、流失量的逐年变化情况、措施实施后的总体效益变化情况,以及生态环境的动态变化过程,以定期向社会公告。

特点:遥感影像资源丰富,覆盖面广,周期快,分辨率高,信息量丰富。已得到水土保持工作的规划、治理、监督等方面应用的高度重视,其宏观、快速和客观的优势使之成为水土流失监测的重要手段。

1. 监测区域级别、比例尺和周期的确定

(1)监测区域级别与比例尺。按面积大小分为：全国、大江大河流域（不小于1:250 000）、省（自治区、直辖市）与重点防治区（不小于1:100 000）、县（不小于1:50 000）与小流域（含大型开发建设项目区）（不小于1:10 000）等四个级别。

(2)监测周期。全国、大江大河流域和省（自治区、直辖市）监测周期为5~10年；重点防治区、县和小流域（含大型开发建设项目区）根据具体情况而定。

2. 遥感信息的选择和使用

按照监测区域的大小和制图比例尺，选择相应的航空和航天遥感信息。①时间跨度。全国、大江大河流域、省（自治区、直辖市）和重点防治区遥感信息的时间跨度不超过2年，县和小流域为6个月。②时相选择。根据工作区域和任务不同选择不同季节的遥感信息。

第三节　水土保持监测的任务

一、水土保持监测网络的建立

计算机网络是用通信线路把分布在不同区域、具有独立功能的计算机连接起来，达到共享资源的目的。这些连接起来的计算机所形成的网络称为计算机网络。计算机网络可看成是一组结点和连接结点的链路组成的。结点可分为转接结点和访问结点两类。转接结点支持网络的连续性，它通过所连接的链路来转接信息；访问结点也称端点，它起着收信点和发信点的作用。链路是两个结点间荷载信息的线路，每个链路在单位时间内可能接纳的最大信息量称为链路容量。通路是指从发信点到收信点的一串结点和链路。

计算机网络的最基本功能是计算机和计算机、计算机与终端之间相互传输数据，达到数据、软件及硬件资源的共享。

"3S"技术的发展、计算机网络技术的发展和应用为全面进行水土保持监测、监督和管理提供了坚实的技术支持。1998年底，水利部水土保持监测中心组织开展的第二次全国土壤侵蚀遥感调查，应用1995年、1996年的陆地卫星TM影像为主要信息源，在GIS软件支持下，建立了全国土壤侵蚀数据库和图形数据库。该数据库的建成为水土保持动态监测奠定了数据基础。目前，我国建立的水土保持监测网络包括1个国家监测中心、7个流域监测中心站、31个省级监测总站，各省（自治区、直辖市）重点预防区、重点防治区和重点监测区监测分站以及水土保持观测站（点）。

二、水土保持监测的任务

(一)监测重点区域和重点项目的实施效益

重点区指重点预防保护区、重点监督管理区和重点治理区。效益的监测主要是指实施的生物、工程和预防保护措施以及实施措施后产生的生态效益和经济效益的消长情况。重点区域跟踪监测的内容包括：实施的各类防治措施、措施实施后控制水土流失、改善生态环境和提高群众生活水平等效益。

重点项目主要包括山区的坡改梯、黄土高原水土保持治沟骨干工程和南方地区的崩岗治理等,主要监测重点项目实施的措施及其效益情况。

(二)重点开发建设项目区水土流失监测

重点开发建设项目区指大型资源开发、城市建设、道路、水利水电等一切可能在较大范围内扰动自然环境、引起水土流失的建设开发区。开发建设项目水土保持监测,应根据项目方案按计划如期进行,监测有关内容并研究分析开发建设对项目建设区和直接影响区的环境造成的影响。监测内容包括:自然状况,如地形、气象、植被、地面物质组成等;土地利用状况;水土流失情况,如扰动原地貌、损坏土地和植被面积,弃土、弃石和弃渣量或开荒、毁林(草)面积等。

(三)重点流域或地区水土流失监测

重点流域或重点地区的监测,将在常规监测获取典型地块或小流域监测数据的同时,建立整个监测范围内影响水土流失因子动态变化的图形库、数据库和文档库,结合水文、泥沙和气象监测结果,综合分析提供大江大河流域的泥沙来源和数据,为流域或地区群众生产生活条件改善、生态环境建设和大江大河治理提供决策信息。

(四)水土流失典型监测

在不同水土流失类型区选择有代表性的地点,设立监测站点,定位观测水土流失和水土保持治理效益,为建立土壤流失和治理效益预测模型提供准确而系统的数据。

通过水土流失动态监测建立水土保持监测数据库,及时了解和掌握水土流失与生态环境演变的状况,预测预报自然因素、人为因素对土壤侵蚀的影响趋势,合理评价和优化分析水土保持生态环境改善与建设的实效。同时,通过推动不同尺度水土流失预测预报量化模型的研究与开发,为有效指导生产发展、区域开发建设、生态环境建设和控制人为水土流失提供可靠的科学依据。

三、开发建设项目水土保持监测概述

开发建设项目水土保持监测既是热点,也是监测的重点。随着开发建设项目的增多,资源开发、基础设施建设对区域生态环境的影响引起了社会的广泛关注。监测成果已成为检查开发建设项目水土保持方案实施情况的重要依据。

通过监测,以检验水土流失预测成果的可靠性和建设过程中水土流失是否得到有效的控制;是否达到方案编制提出的目标和国家规定的标准;及时了解水土流失的动态变化情况,判断项目水土保持防治工程的技术可行性;为建设单位和实施单位提供实时信息,发现突发水土流失灾害的隐患并及时提供对策;也为水土保持达标验收提供可靠的依据;开发建设项目水土保持监测是项目进行后评价的重要手段。

(一)监测特点

(1)主要采用地面观测和调查监测相结合。

(2)大型工程和重点项目的监测需要同时利用遥感手段进行水土流失背景调查和动态监测,并且大中型开发建设项目应布设相对固定的监测设施。

(3)监测重点为采矿、交通、电力、冶炼、水利水电和城镇建设等类型的项目。

(4)监测时段含工程对地表扰动的时期和植被恢复时期。

（5）监测结果直接服务于开发建设项目水土保持监督执法。

（二）监测任务

主要围绕项目建设过程中的水土流失问题进行微观层次的实时的、全过程的监测。监测工作主要用于：①划定水土流失防治责任范围；②掌握水土流失动态变化情况；③确定防治措施的数量和效果。

（三）监测内容

主要监测内容为弃土弃渣量、地面扰动面积、土壤流失量、水土保持措施实施情况和林草覆被率等项目，目的是核定扰动土地整治率、水土流失治理度、拦渣率、水土流失控制比、植被覆盖恢复率和林草覆盖率等 6 项主要指标，为项目水土保持竣工验收提供依据。

具体内容为：①通过测量建设项目各阶段的占地面积、土地扰动类型及其分布、土石方挖填数量、弃土（石、渣）量及其分布和林草保存情况等划定建设项目防治责任范围；②监测土壤侵蚀强度和水土流失量的变化，分析水土流失影响及危害等；③调查水土保持方案中各项治理措施的实施数量和质量，林草措施的成活率、覆盖率和生长情况，防护工程的稳定性、完好性和运行情况、拦渣保土量和水土保持措施管理等。

（四）监测方法与时间

（1）调查与巡查。

（2）地面定位监测。布设临时监测（点）（主要为建设类）和永久性监测（点）（主要为建设生产类）。

另外，监测时应控制监测点密度的合理性、监测方案的可操作性、监测方法的针对性、监测时段的准确性和监测资质的准入性。

（五）主要行业的监测重点

（1）采矿行业。监测的重点是弃渣场和尾矿。

（2）铁路、公路交通行业。新建铁路、公路对沿线地形地貌的扰动破坏大，水土流失严重；道路建设过程中开挖路堑、填筑路基、取土采石等动用土石方量大；特别是隧道的弃土弃渣、高填深挖地区的取弃土；施工时间长的大中型工程，临时工棚、施工场地和施工便道等的占地量也很大。监测的重点是弃土弃渣场、取土场、土石方临时转运场、开挖边坡、工场和施工便道等。

（3）石油、天然气行业。特别是西部，石油、天然气储量丰富。该行业输送油气管道在建设过程中会造成新的水土流失的形成。监测重点为施工过程中的水土流失、交叉工程的弃土弃渣、管道覆土后的地面植被恢复等。

（4）水利水电工程。水利枢纽工程、防洪堤防、灌溉工程、供水工程、调水工程等在建设过程中的采土、取土、挖沙、开挖地面和移民村镇建设等都会引起水土流失。监测重点为：施工过程中的水土流失、弃土弃渣场、取土场、移民建镇过程和库区周边的山体稳定等。

（5）城镇化建设。城镇化建设过程中对原地貌的破坏、开山造地形成的高边坡、水土流失对城市基础设施、城市旅游资源和城市水资源等自然资源的影响等为监测的重点。

第四节　水土保持监督管理

一、水土保持监督的概念和意义

随着市场经济的发展和人们生活质量的提高,水土保持工作在我国政治、经济和社会中的地位越来越重要。水土保持监督管理工作,既是水行政主管部门的一项重要工作,也是水土保持工作的重要内容。修订的《水土保持法》第五章第四十三条明确规定,县级以上人民政府水行政主管部门负责对水土保持情况进行监督检查。流域管理机构在其管辖范围内可以行使国务院水行政主管部门的监督检查职权。可见水土保持监督是水行政主管部门及其所属的水土保持管理机构按照水土保持法律、法规规定的权限、程序和方式,对有关公民、法人和其他组织的水土保持行为活动的合法性、有效性进行的监察督导(监督是一种特殊的管理活动方式,是在社会分工和共同劳动条件下产生的一种特殊管理职能。水土保持监督属于行政监督的范畴。而行政是国家意志的表达功能和国家意志的执行功能,是国家行政机关从事行政活动、管理国家及社会事务的重要手段)。

水土保持监督执法是贯彻执行国家有关水土保持法律法规、政策文件和落实相关规范、标准的需要。如落实《中华人民共和国水土保持法》、《中华人民共和国环境保护法》、《中华人民共和国环境影响评价法》、《中华人民共和国土地管理法》、《中华人民共和国水土保持法实施条例》、《建设项目环境保护条例》、《各省(自治区、直辖市)实施水土保持法办法》等和部委规章、规范性文件如《开发建设项目水土保持设施验收管理办法》(2002年发布)、《国务院关于加强水土保持工作的通知》(国发[1993]5号),以及公路、铁路、电力建设项目等各行业水土保持工作规定。还有《开发建设项目水土保持技术规范》(GB 50433—2008)、《开发建设项目水土流失防治标准》(GB 50434—2008)、《水土保持综合治理 技术规范》(GB/T 16453.1～16453.6—1996)等标准规范都需要检查审核、督导实施和促进其内容的落实。

水土保持监督执法是促进国民经济持续发展的需要和保护水土资源永续利用的需要。水土资源是立国生存之本。据估计,因水土流失造成的耕地面积减少和土地质量下降每年的损失在100亿元左右,各种水土流失形式造成的灾害每年的损失平均在上千亿元。水土流失已成为影响国民经济发展、社会稳定和人民安居的制约因素。加强监督,防止人为造成新的水土流失,具有非常重要的预防、减轻水土流失危害的重要作用。

水土保持监督执法是巩固治理成果、管护水土保持设施的需要。监督管护是保证水土保持设施发挥效益的重要举措,依法查处毁坏水土保持设施的案件对增强全社会各领域生态保护意识和促进防治责任的落实具有决定性的作用。

二、水土保持监督执法的对象

凡从事可能引起水土流失和削弱或降低原有水土保持功能的建设单位、生产单位或个人,都是水土保持监督执法的对象。《开发建设项目水土保持技术规范》(GB 50433—2008)总则第二条明确规定,本规范适用于建设或生产过程中可能引起水土流失的开发建设项目的水土流失防治。而建设或生产过程中可能引起水土流失的开发建设项目指公路、铁路、机场、港口、码头、水工程、电力工程、通信工程、管道工程、国防工程、矿产和石油天然气开采及冶炼、工厂建设、建材、城镇新区建设、地质勘探、考古、滩涂开发、生态移民、荒地开发、林木采伐等项目。

三、水土保持监督执法的内容

水土保持监督执法的内容非常广泛,根据水土保持法律法规、规章与规范性文件、水土保持各类规范和各项标准,主要归纳为以下几个方面。

(一)对农业生产的监督

《水土保持法》第二十条规定,禁止在25°以上陡坡地开垦种植农作物。在25°以上陡坡地种植经济林的,应当科学选择树种,合理确定规模,采取水土保持措施,防止造成水土流失。

省、自治区、直辖市根据本行政区域的实际情况,可以规定小于25°的禁止开垦坡度。禁止开垦的陡坡地的范围由当地县级人民政府划定并公告。

在禁止开垦坡度以下、5°以上的荒坡地开垦种植农作物,应当采取水土保持措施。具体办法由省、自治区、直辖市根据本行政区域的实际情况规定。

根据法律对上述农业生产规定对生产者的行为和活动方式进行监督管理。如在禁垦坡度以上陡坡地开垦种植农作物的,要坚决制止;对已在禁垦坡度以上的陡坡地开垦种植农作物的,要监督开垦者按计划逐步进行退耕还林还草,恢复植被;对在禁止开垦坡度以下、5°以上的荒坡地开垦种植农作物的,监督其是否采取水土保持措施,对未采取措施的要督促其实施相应措施,并按规定进行处罚。另外,对符合法规规定的生产活动方式,要予以积极的引导,使其向更规范化的方向发展。

(二)对采伐利用林草植被的监督

《水土保持法》第二十一条规定,禁止毁林、毁草开垦和采集发菜。禁止在水土流失重点预防区和重点治理区铲草皮、挖树兜或者滥挖虫草、甘草、麻黄等。

第二十二条规定,林木采伐应当采用合理方式,严格控制皆伐;对水源涵养林、水土保持林、防风固沙林等防护林只能进行抚育和更新性质的采伐;对采伐区和集材道应当采取防止水土流失的措施,并在采伐后及时更新造林。

在林区采伐林木的,采伐方案中应当有水土保持措施。采伐方案经林业主管部门批准后,由林业主管部门和水行政主管部门监督实施。

第二十三条规定,在5°以上坡地植树造林、抚育幼林、种植中药材等,应当采取水土保持措施。

根据法律规定,监督的重点是检查采伐区和集材道要有具体的防治水土流失的措施、采伐方案中是否制定有水土保持措施,以及是否在植树造林、种草和抚育管护中采取水土保持措施。

《水土保持法》中的法律责任,第五十条规定,违反本法规定,毁林、毁草开垦的,依照《中华人民共和国森林法》《中华人民共和国草原法》的有关规定处罚。

第五十一条规定,违反本法规定,采集发菜,或者在水土流失重点预防区和重点治理区铲草皮、挖树蔸,滥挖虫草、甘草、麻黄等的,由县级以上地方人民政府水行政主管部门责令停止违法行为,采取补救措施,没收违法所得,并处违法所得 1 倍以上 5 倍以下的罚款;没有违法所得的,可以处 5 万元以下的罚款。

在草原地区有前款规定违法行为的,依照《中华人民共和国草原法》的有关规定处罚。

第五十二条规定,在林区采伐林木不依法采取防止水土流失措施的,由县级以上地方人民政府林业主管部门、水行政主管部门责令限期改正,采取补救措施;造成水土流失的,由水行政主管部门按照造成水土流失的面积处每平方米 2 元以上 10 元以下的罚款。

(三)对开发建设项目实施"三同时"制度的监督

《水土保持法》第二十七条规定,依法应当编制水土保持方案的生产建设项目中的水土保持设施,应当与主体工程同时设计、同时施工、同时投产使用,称为"三同时"制度。

对建设或生产过程中可能引起水土流失的开发建设项目的水土流失防治的监督,是目前水土保持监督执法、监督管理和监督检查的重要内容。其任务非常繁重,水土保持监督管理部门对以上活动的监督主要是通过审批方案、验收设施和现场检查等方法进行。

通过检查审批方案即要求生产建设单位和个人接受国家的水土保持监督管理;验收设施是指对建设项目中水土保持设施的验收,通过验收促进水土保持方案的实施,同时可以保证水土保持设施的质量和数量;现场检查主要是检查"三同时"制度落实情况,检查本身就是监督的一种形式。对"三同时"制度进行监督检查的主要内容如下:

(1)对"同时设计"的监督。审查在建设项目设计中是否编制了《水土保持方案》,是否经水行政主管部门批准。通过这种监督检查,可以确保《开发建设项目水土保持方案》的落实,强化水土保持监督管理机构的监督权。

(2)对"同时施工"的监督。监督建设项目主体工程与水土保持设施是否按照方案的要求同时进行施工,经费是否落实到位。通过监督检查,及时发现与解决问题,确保结合主体工程的进度及时采取水土流失防治措施,及时发挥水土保持设施的作用。

(3)对"同时投产使用"的监督。监督建设项目主体工程与水土保持设施是否同时竣工及水土保持设施是否经过验收并签署意见。通过严格监督检查,保证水土保持设施全面、按时竣工和投产使用。

(4)对水土保持设施的监督管护。这是防止水土保持设施(含水土保持工程措施、林草措施、科研基地、示范基地、仪器设备)遭受破坏,巩固治理成果的重要保证。

四、"两费"的征收

收费是指水行政主管部门及其水土保持监督管理机构,征收水土流失防治费、补偿费(简称"两费")的全过程。

(一)水土流失防治费

水土流失防治费是指企事业单位和个人在建设、生产过程中对造成的水土流失采取防治措施所需的费用。对造成水土流失而无力治理的企事业单位和个人征收水土流失防治费,是水行政主管部门及其水土保持监督管理机构依法防治水土流失的具体行政行为。这种具有一定的法律保证力和约束力,即水行政主管部门及其水土保持监督管理机构依法征收有关单位或个人的水土流失防治费,是法律赋予的权利;企事业单位和个人依法交费是法律规定的义务。任何一方不得放弃权利或不履行义务,否则都要按其造成危害后果承担相应的法律责任。

水土流失防治费的收缴对象为以下三种:①因技术或其他原因,不能或不便于自行治理的单位和个人;②对已批准的水土保持方案报告书(表)而不进行实施的企事业单位和个人;③对非定点、流动式,自己治理不现实的建设单位或个人。

(二)水土流失补偿费

水土流失补偿费是指生产建设单位在生产建设过程中损坏了原有的水土保持设施和具有一定保持水土功能的地貌、植被,从而降低或减弱其原有的水土保持功能,所必须为此补偿的费用。补偿费不同于赔偿费,补偿费由水行政主管部门及水土保持监督管理机构在别处投资,另行防治使水土保持整体功能不至于降低。

如果损坏者不承担这部分费用,它就会由没有实施损坏行为的单位和个人甚至包括受害人来承担。这于法、于理、于情都是相违背的。据此,任何单位和个人如果损坏了水土保持设施,就应同时支付水土流失补偿费。这对防止损坏水土保持设施、保护和合理利用水土资源具有重要的现实意义。

补偿费的收缴对象是在建设、生产过程中损坏水土保持设施的单位和个人。严格来讲,补偿费应高于当时建设这些水土保持设施时的投资额,而与其所造成的水土保持价值损失相等的金额。因此,补偿费实际上只具备部分补偿性质。

思考题

9-1 简述水土保持动态监测的目的及原则。

9-2 水土保持监测主要包含哪些内容?

9-3 简述"3S"的含义及主要作用。

9-4 简述水土保持在不同监测尺度实施监测的主要特点。

9-5 试说明开发建设项目水土保持动态监测的任务与内容。

9-6 开发建设项目水土保持监测的重点行业有哪几类? 各行业监测的重点分别是什么?

9-7 何谓水土保持监督? 水土保持监督执法主要包含哪些内容?

9-8 何谓"三同时制度"和"两费"? 征收"两费"有什么意义?

第十章　开发建设项目水土保持

开发建设项目泛指生产和国民经济建设中如开垦荒坡地、水工程建设、矿业开采、工业企业建设、交通工程建设、城镇建设、生态移民、国防工程建设等一切新建、改建、扩建及技术改造的生产项目和基本建设项目。开发建设项目水土流失，顾名思义就是指在上述开发建设活动中造成水土流失，即因扰动地表或地下岩土层、排放固体废弃物，或破坏地表植被、土壤结构，或改变地形使下垫面条件向着有利于土壤侵蚀的方向发展，造成水土资源的破坏和损失。开发建设项目水土流失是人为水土流失的一种主要形式。有关研究表明，开发建设活动由于改变了原始的地貌、植被和水系，并产生大量的弃土弃渣，由此导致的水土流失强度和危害程度居人为水土流失之首。

随着我国国民经济的快速发展，工业化和城市化进程的加快，各类开发建设项目急剧增多，导致了开发建设活动中人为造成新的水土流失不断加剧，不仅造成了水土资源的破坏，水环境污染、土壤环境污染和农业生态环境的恶化，生物生存环境的破坏，而且对开发建设项目周边区域人们的生存环境、下游河道的正常行洪和水利工程的正常运行等造成了巨大的影响。根据水利部、中国科学院和中国工程院组织完成的"全国水土流失与生态安全综合科学考察"结果，"十五"期间，全国开发建设项目扰动地表面积达到5.5万km^2，大部分分布在丘陵区和山区，弃土弃渣量92亿t。尤其是公路铁路、农林开发、水电建设、城镇建设、矿山开采等开发建设项目，乱挖乱采、乱倒乱弃现象十分严重，引发的水土流失量超过了全国人为新增水土流失总量的80%，给社会留下了巨大的治理成本，有的甚至难以恢复，形成了诱发生态灾难的隐患。据估算，"十一五"期间，全国开发建设项目产生新的扰动地表面积6.2万km^2，弃土弃渣总量达到100.3亿t，与"十五"期间相比，分别增长12.7%和9.0%。陡坡开垦、顺坡耕作、乱砍滥伐造成的水土流失依然严重。近十多年来我国各大小江河出现的"小洪水、高水位、多险情"的严峻局面，与开发建设项目建设过程中大量的废弃物倾倒于河道有直接的关系。与原生的水土流失相比，开发建设活动造成的水土流失类型和形式更加复杂。水土流失的分布与工程项目本身的特点有关；水土流失的发生具有很强的时段性，主要为建设期和生产运行期；水土流失的危害具有突发性、灾难性的特点；对生态环境的影响具有潜在性，可控性和可预防性低；水土流失与环境污染相伴发生。

第一节　开发建设项目水土流失防治标准

为了防治开发建设活动造成人为水土流失，保护生态环境，我国现行水土保持法律法规明确要求开发建设项目水土保持设施，必须与主体工程同时设计、同时施工、同时投产使用。编制、实施开发建设项目水土保持方案是贯彻水土保持法律法规的具体体现，是控制人为水土流失的有效途径。

自 1996 年 3 月水利部第一个批复《平朔煤炭工业公司安太堡露天煤矿水土保持方案报告书》后,不断总结防治开发建设活动水土流失的经验和技术。1998 年水利部颁布了行业标准《开发建设项目水土保持方案技术规范》(SL 204—98),有力地推动了全国水土保持方案编制工作的开展,对防治开发建设过程中造成的水土流失及危害发挥了积极的作用。通过总结该规范实施多年来的实践经验,2008 年水利部将原行业标准修订上升为国家标准《开发建设项目水土保持技术规范》(GB 50433—2008)和《开发建设项目水土流失防治标准》(GB 50434—2008),使开发建设项目水土保持方案的编制步入了制度化、科学化和规范化的轨道,为有效地防治开发建设活动造成的人为水土流失发挥了重要的作用。

一、开发建设项目分类

《开发建设项目水土保持技术规范》(GB 50433—2008)适用于建设或生产过程中可能引起水土流失的开发建设项目的水土流失防治。建设或生产过程中可能引起水土流失的开发建设项目指公路、铁路、机场、港口、码头、水工程、电力工程、通信工程、管道工程、国防工程、矿产和石油天然气开采及冶炼、工厂建设、建材、城镇新区建设、地质勘探、考古、滩涂开发、生态移民、荒地开发、林木采伐等项目。

(1)开发建设项目按平面布局分类,可分为线型开发建设项目和点型开发建设项目。

线型开发建设项目布局跨度较大,呈线状分布。包括公路(高速公路、国道、省道、县际等公路、县乡公路和乡村道路)、铁路、管道(供水、输油、输气和通信光缆等)、输电线路和渠道等。

点型开发建设项目布局相对集中,呈点状分布,如矿山、电厂、水利水电工程、城镇建设工程、农林开发工程和冶金化工工厂等。

(2)开发建设项目按水土流失发生的时段分类,可分为建设类项目和建设生产类项目。

如公路、铁路、机场、港口、码头、水工程、管道工程、输变电工程和城镇建设工程等开发建设项目,水土流失主要发生在建设过程中,当开发建设项目通过水土保持专项验收并投产使用后,在运营期基本没有开挖、取土(石、料)、弃土(石、渣)等活动,水土流失呈逐步减少,逐渐趋于稳定的趋势,不再新增水土流失,此类项目为建设类项目。其时段标准划分为施工期和试运行期。

建设生产类项目如露天矿开采、农林开发项目、燃煤电站、冶金建材、石油天然气开采和取土采石场等,不仅在建设过程中产生水土流失,而且在生产运行期间还源源不断地产生水土流失,此类项目均为建设生产类项目。其时段标准可划分为施工期、试运行期和生产运行期。如燃煤电站在通过水土保持专项验收并投产使用后,还将产生粉煤灰、石膏等废弃物,还需要采取各种防护措施。

二、开发建设项目水土流失防治的基本原则

《开发建设项目水土保持技术规范》(GB 50433—2008)明确规定,项目建设单位依法应承担水土流失防治义务的区域,该区域由项目建设区和直接影响区组成。项目建设区是指开发建设项目征地、占地、使用及管辖的区域;直接影响区是指项目建设过程中对项

目建设区以外造成水土流失危害的区域。

在依法应承担水土流失防治义务的区域,水土流失的防治应遵循以下基本原则。

(一)按照"三同时"制度的规定,有效防治水土流失

开发建设项目应按照"水土保持设施必须与主体工程同时设计、同时施工、同时投产使用"的规定,坚持"预防优先,先拦后弃"的原则,有效控制水土流失。

(二)应控制和减少对原地貌的损毁

应控制和减少对原地貌、地表植被、水系的扰动与损毁,保护原地表植被、表土及结皮层,减少占用水土资源,提高利用效益。

(三)开挖与排弃必须采取相应的防治措施

开挖、排弃和堆垫场所必须采取拦挡、护坡、拦截排水以及其他整治措施;弃土(石、渣)宜综合利用,不能利用的应集中堆放在专门的存放地,并按"先拦后弃"的原则采取拦挡措施,不得在江河、湖泊、建成水库及河道管理范围内布设弃土(石、渣)场。

(四)施工过程需要采取临时防护措施

工程施工应减少地表裸露时间,遇暴雨或大风时应加强临时防护;雨季施工应随挖、随运、随填、随压,避免产生水土流失;临时堆土(石、渣)及料场加工的成品料应集中堆放,设置沉沙、拦挡等措施;土砂石渣料在运输过程中应采取防护措施,防止沿途散溢,造成水土流失。

(五)施工迹地应及时整治

施工迹地应及时进行土地整治,采取水土保持措施,恢复其利用功能。

三、开发建设项目水土流失防治标准

根据《开发建设项目水土流失防治标准》(GB 50434—2008)的内容,开发建设项目水土流失防治标准应分类、分级、分阶段确定(见表10-1和表10-2)。

表10-1　建设类项目水土流失防治标准

分类	一级标准		二级标准		三级标准	
	施工建设期	试运行期	施工建设期	试运行期	施工建设期	试运行期
1. 扰动土地整治率(%)	*	95	*	95	*	90
2. 水土流失总治理度(%)	*	95	*	85	*	80
3. 土壤流失控制比	0.7	0.8	0.5	0.7	0.4	0.4
4. 拦渣率(%)	95	95	90	95	85	90
5. 林草植被恢复率(%)	*	97	*	95	*	90
6. 林草覆盖率(%)	*	25	*	20	*	15

注:①表中"*"表示指标值应根据批准的水土保持方案措施实施进度,通过动态监测获得,并作为竣工验收的依据之一。

②表中的一级、二级和三级分别为一、二、三级标准防治的区域。

表 10-2　建设生产类项目水土流失防治标准

分类	一级标准			二级标准			三级标准		
	施工期	试运行期	生产运行期	施工期	试运行期	生产运行期	施工期	试运行期	生产运行期
1. 扰动土地整治率(%)	*	95	>95		95	>95		90	>90
2. 水土流失总治理度(%)	*	90	>90		85	>85		80	>80
3. 土壤流失控制比	0.7	0.8	0.7	0.5	0.7	0.5	0.4	0.5	0.4
4. 拦渣率(%)	95	98	98	90	95	95	85	95	85
5. 林草植被恢复率(%)	*	97	97		95	>95		90	>90
6. 林草覆盖率(%)	*	25	>25		20	>20		15	>15

（一）六项防治指标的含义

开发建设项目水土流失防治指标包括扰动土地整治率、水土流失总治理度、土壤流失控制比、拦渣率、林草植被恢复率和林草覆盖率等六项指标。

（1）扰动土地整治率。项目建设区内扰动土地的整治面积占扰动土地总面积的百分比。

（2）水土流失总治理度。项目建设区内水土流失治理达标面积占水土流失总面积的百分比。

（3）土壤流失控制比。项目建设区内容许土壤流失量与治理后的平均土壤流失强度之比。

（4）拦渣率。项目建设区内采取措施实际拦挡的弃土（石、渣）量与工程弃土（石、渣）总量的百分比。

（5）林草植被恢复率。项目建设区内，林草类植被面积占可恢复林草植被（在目前经济、技术条件下适宜于恢复林草面积）面积的百分比。

（6）林草覆盖率。林草类植被面积占项目建设区面积的百分比。

（二）防治标准等级与适用范围

开发建设项目水土流失防治标准的等级应按项目所处水土流失防治区和区域水土保持生态功能重要性确定。

（1）一级标准。开发建设项目地处依法划定的国家级水土流失重点预防保护区、重点监督区和重点治理区及省级重点预防保护区。同时，开发建设项目生产建设活动对国家和省级人民政府依法确定的重要江河、湖泊的防洪河段、水源保护区、水库周边、生态功能保护区、景观保护区、经济开发区等直接产生重大水土流失影响，并经水土保持方案论证确认作为一级标准防治的区域。

（2）二级标准。开发建设项目地处依法划定的省级水土流失重点治理区和重点监督区。同时，开发建设项目生产建设活动对国家和省、地级人民政府依法确定的重要江河、湖泊的防洪河段、水源保护区、水库周边、生态功能保护区、景观保护区、经济开发区等直接产生较大水土流失影响,并经水土保持方案论证确认作为二级标准防治的区域。

(3)三级标准。一级标准和二级标准未涉及的其他区域。

注意,当防治标准出现交叉时,按下列规定执行:同一项目所处区域出现两个标准时,采用高一级标准;线型工程根据上述确定原则,分段确定标准等级。

第二节　开发建设项目水土保持方案编制概述

水土保持方案是针对开发建设项目的建设区和影响区域内已经存在的或在工程建设和运行过程中可能产生的水土流失开展预防、保护和综合治理的设计文件。水土保持方案是开发建设项目总体设计的重要组成部分,是设计和实施水土保持措施的技术依据,是防止开发建设项目引起水土流失的基本保障。

一、开发建设项目水土保持方案编制的意义

(1)开发建设项目水土保持方案是项目设计的组成部分,项目建设者在立项时就应充分考虑因建设活动而造成的水土流失问题。这一法律要求,从源头上预防了因项目建设而造成新的水土流失问题,最大限度地减少和降低了开发建设活动对生态环境的影响。

(2)全面落实《水土保持法》及相关法规。水土保持方案编制按照"谁开发谁保护,谁造成水土流失谁治理"的原则,合理界定生产建设方应承担水土流失防治的责任范围,具体落实防治义务,明确防治目标。

(3)因地制宜,因害设防。在水土保持方案编制中,通过工程、植物和临时防护措施的合理布设,形成科学的综合防治体系,为开发建设单位搞好水土流失的防治提供技术支撑。

(4)开发建设项目水土保持方案编制为后续设计和水行政主管部门的监督执法、竣工验收提供依据。水土保持方案中有了相应设计深度的防治措施,为水土保持监督管理部门实施有效的监督、管理和对竣工的水土保持设施进行验收等提供了科学依据。

二、水土保持方案编制基本要求

(一)方案编制工作范畴

1.地域

凡在建设或生产过程中可能引起水土流失的开发建设项目都应编制水土保持方案。根据《开发建设项目水土保持技术规范》(GB 50433—2008)的要求,凡征占地面积在 1 hm^{2}以上或挖填土石方总量在 1 万 m^3 以上的开发建设项目,必须编报水土保持方案报告书,其他开发建设项目必须编报水土保持方案报告表,其内容和格式应符合规范的相关规定。

开发建设项目水土保持方案由生产建设单位负责,具体编制水土保持方案的单位必须持有"编制水土保持方案资格证书"。

2.方案编制时限

根据《开发建设项目水土保持技术规范》(GB 50433—2008)的要求,开发建设项目水土保持工程设计可分为项目建议书、可行性研究、初步设计和施工图设计四个阶段。这使水土保持方案编制程序和主体工程项目所处的设计阶段相适应。

开发建设项目在项目建议书阶段应有水土保持章节;工程可行性研究阶段(或项目核准前)必须编报水土保持方案,并达到可行性研究阶段深度,工程可行性研究报告中应有水土保持章节;初步设计阶段应根据批准的水土保持方案和有关技术标准,进行水土保持工程初步设计,工程的初步设计应有水土保持篇章;施工图阶段应进行水土保持施工图设计。

（二）方案编制资格与管理制度

1. 资格

实行专门资格证书制度。编制单位必须持有水行政主管部门颁发的"编制水土保持方案资格证书"。

2. 分级编制

（1）甲级证书。各部委和省级政府批准的独立法人单位,可承接大中型开发建设项目的方案编制任务,由水利部颁发资格证书。

（2）乙级证书。地区级以上政府批准的独立法人单位,可承接中小型开发建设项目的水土保持方案,由省级水行政主管部门颁发资格证书。

（3）丙级证书。县级以上政府批准的独立法人单位,可承接小型以下开发建设项目的方案编制任务,由省级水行政主管部门颁发资格证书。

3. 考核

水利部1997年颁发的《水土保持方案编制资格证单位考核办法》中规定,定期考核每两年进行一次。第三条规定,凡参加水土保持方案编制的人员,须经发放资格证书单位的专业技术培训,培训合格者方可持证上岗。

三、各设计阶段的主要任务

（一）项目建议书阶段

（1）简要说明项目区水土流失现状与环境状况,预防监督与治理状况。

（2）明确水土流失防治责任。

（3）初步分析项目建设过程中可能对水土流失的影响。

（4）提出水土流失防治总体要求,初拟水土流失防治措施体系及总体布局,提出下阶段要解决的主要问题。

（5）确定水土保持投资估算的原则和依据,匡算水土保持投资。

（二）可行性研究阶段

（1）对建设项目及其周边环境开展相应深度的勘察与调查以及必要的试验研究。

（2）从水土保持角度论证主体工程设计方案的合理性及制约因素;对主体工程的选址(线)、总体布置、施工组织、施工工艺等比选方案进行水土保持分析评价,对主体工程提出优化设计要求和推荐意见。

（3）估算弃土(石、渣)量及其流向,分析土石方平衡,初步提出分类堆放及综合利用的途径。

（4）基本确定水土流失防治责任范围、水土流失防治分区及水土流失防治目标等。

（5）分析工程建设过程中可能引起水土流失的环节、因素,定量预测水力侵蚀、风力侵蚀量、分布及危害程度,定性分析引发重力侵蚀、泥石流等灾害的可能性和危害程度。

（6）确定水土流失防治措施总体布局，按防治工程分类进行典型设计，估算工程量。对主要防治工程的类型、布置进行比选，基本确定防治方案。初步拟定水土保持工程施工组织设计。

（7）基本确定水土保持监测内容、项目、方法、时段、频次，初步确定地面监测的点位，估算所需的费用（含人工和物耗）。

（8）估算水土保持措施的分项投资和总投资。分析水土保持效益，定量分析水土流失防治效果。

可行性研究阶段水土保持投资估算应对采挖面、排弃场、施工场、临时道路以及生产建设区的选位、布局、生产和施工技术等提出符合水土保持的要求，供建设项目初步设计时考虑。

（9）拟定水土保持措施实施的保障措施。

（三）初步设计阶段

（1）开展相应深度的勘测与调查。

（2）分区（段）复核土石方平衡及弃土（石、渣）场、取料场的布置。

（3）复核建设项目水土流失防治责任范围、水土流失防治分区和水土保持措施总体布局。

（4）在分区的基础上进行水土流失防治措施的设计，说明施工方法及质量要求，细化施工组织设计。

（5）编制水土保持监测设计与实施计划。

（6）概算水土保持工程投资及投资的年度安排。

（四）施工图设计阶段

（1）在初步设计的基础上，进行水土流失防治单项工程的施工图设计，确保方案的实施。

（2）计算工程量，编制工程预算。

第三节　水土保持方案报告书内容与编制要点

一、综合说明

综合说明主要包括以下内容：

（1）主体工程的概况、方案设计深度及方案设计水平年。

（2）项目所在地的水土流失重点防治区划分情况，防治标准执行等级。

（3）主体工程水土保持分析评价结论。

（4）水土流失防治责任范围及面积。

（5）水土流失预测结果。主要包括损坏水土保持设施数量、建设期水土流失总量及新增量、水土流失重点区段及时段。

（6）水土保持措施总体布局、主要工程量。

（7）水土保持投资估算及效益分析。

（8）结论与建议。

（9）水土保持方案特性表（见表 10-3）。

表 10-3 开发建设项目水土保持方案特性表

填表日期　　　　　总编号　　　　　年编号　　　　　　　　　　年　月　日

项目名称			流域管理机构	
涉及省区		涉及地市或个数	涉及县或个数	
项目规模		总投资（万元）	土建投资（万元）	
动工时间		完工时间	方案设计水平年	
项目组成	建设区域	长度面积（m/hm²）	挖方量（万 m³）	填方量（万 m³）
国家或省级重点防治区类型			地貌类型	
土壤类型			气候类型	
植被类型			原地貌土壤侵蚀模数（t/(km²·a)）	
防治责任范围面积（hm²）			土壤容许流失量（t/(km²·a)）	
项目建设区（hm²）			扰动地表面积（hm²）	
直接影响区（hm²）			损坏水保设施面积（hm²）	
建设期水土流失预测总量（t）			新增水土流失量（t）	
新增水土流失主要区域				
防治目标	扰动土地整治率（%）		水土流失总治理度（%）	
	土壤流失控制比		拦渣率（%）	
	植被恢复系数（%）		林草覆盖率（%）	
防治措施	分区	工程措施	植物措施	临时措施
	投资（万元）			
水土保持总投资（万元）			独立费用（万元）	
水土保持监理费（万元）		监测费（万元）		补偿费（万元）
方案编制单位			建设单位	
法定代表人及电话			法定代表人及电话	
地址			地址	
邮编			邮编	
联系人及电话			联系人及电话	
传真			传真	
电子信箱			电子信箱	

在编写综合说明时,具体应包括项目建设的必要性,把握好综合说明应高度概括水土保持方案上述各项内容的核心部分。对于方案编制要素只说明结果,不讲确定原因。综合说明应在整个方案各部分内容编写完成后,最后编写。

二、水土保持方案编制总则

该部分主要包括以下内容:

(1)方案编制的目的及意义。

(2)编制依据。包括法律、法规、规章、规范性文件、技术规范与标准、相关资料等。

(3)水土流失防治的执行标准。按《开发建设项目水土流失防治标准》(GB 50434—2008)的规定,说明本项目水土流失防治的执行标准。

(4)指导思想。

(5)编制原则。

(6)设计深度和方案设计水平年。

这一部分主要是明确方案编制的指导思想、原则、意义和编制依据,确定编制要素,从宏观上指导方案编制。

三、项目概况

说明项目的基本情况、项目组成及总体布置、施工组织、工程征占地、土石方量、工程投资、进度安排、拆迁与移民安置等情况。若有与其他项目的依托关系应予说明。

该部分应在全面了解主体工程设计的内容,熟悉工程现场,掌握与水土保持有关内容的基础上进行编写,这是搞好方案编制的基础与关键。

四、项目区概况

简要说明项目所在区域自然条件、社会经济、土地利用情况,水土流失现状及防治情况,区域内生态建设与开发建设项目水土保持可借鉴的经验。

项目区概况应紧紧围绕对主体工程水土保持分析评价、工程建设可能造成水土流失预测、水土保持防治措施布设及水土保持监测等有关内容予以介绍。

五、主体工程水土保持分析与评价

该部分主要包括以下内容:

(1)主体工程方案比选及制约性因素分析与评价。

(2)主体工程占地类型、面积和占地性质的分析与评价。

(3)主体工程土石方平衡、弃土(石、渣)场、取料场的布置、施工组织、施工方法与工艺等评价。

(4)主体工程设计的水土保持分析与评价。

(5)工程建设与生产对水土流失的影响因素分析。

(6)结论性意见、要求与建议。

编写时应对照规范的限制性规定,对主体工程的选址(线)和总体布局、施工组织、施工、工程管理、土石方平衡、水土保持措施等进行分析评价,对不符合水土保持要求的提出变更和补救方案,使项目建设既符合水土保持的要求,又达到项目建设的目的。

六、防治责任范围及防治分区

该部分主要包括以下内容:

(1)分行政区划(以县为单位)列表说明工程占地类型、面积和占地性质等。

(2)责任范围确定的依据。

(3)防治责任范围用文、表、图说明项目建设区、直接影响区的范围、面积等情况。

(4)水土流失防治分区。

确定责任范围时应按项目组成,全面考虑,逐项分析,防止缺项漏项。通过确定合理的防治责任范围,科学地划分防治分区,以有效地实行分类指导、分区治理,建立综合防治措施体系。

七、水土流失预测

该部分主要包括以下内容:

(1)预测范围和预测时段。

(2)预测方法。应说明土壤侵蚀背景值、扰动后的模数值的取值依据。

(3)水土流失预测成果。应说明项目建设可能产生的水土流失量、损坏水土保持设施面积。

(4)水土流失危害分析与评价。

(5)预测结论及指导性意见。

水土流失预测是指按开发建设项目正常设计时无水土保持措施条件下,预测其建设、生产过程中可能产生的水土流失及危害。通过科学地预测开发建设项目建设、生产过程中造成的人为水土流失,客观地分析评价水土流失危害,为选择防治措施、防治措施体系布设、施工进度安排和水土保持监测提供依据。

八、预防目标及防治措施布设

该部分包括以下内容:

(1)提出定性与定量的防治目标。

(2)水土流失防治措施布设原则。

(3)水土流失防治措施体系和总体布局(应附防治措施体系框图)。

(4)不同类型防治工程的典型设计。

(5)防治措施及工程量应分区,分工程措施、植物措施、临时措施列表说明各项防治工程的工程量。

(6)水土保持施工组织设计。

(7)水土保持措施进度安排。

因地、因项目制宜,建立综合防治措施体系和确定防治目标。按相关技术规范要求进行防治措施设计、工程量计算和实施进度安排,以有效防治项目建设造成的水土流失。同时也为水土保持监测、投资估(概)算和效益分析提供依据。

九、水土保持监测

该部分主要包括以下内容：

(1)监测时段。

(2)监测区域(段)、监测点位。

(3)监测内容、方法及监测频次。

(4)监测工作量。应说明监测土建设施、消耗性材料、监测设备、监测所需人工等。

(5)水土保持监测成果要求。

水土保持监测是掌握原生水土流失状况，及时了解建设、生产过程中水土流失类型、强度、数量变化情况和危害，分析水土流失发展趋势与水土保持成效的重要手段。

十、投资估算及效益分析

该部分主要包括以下内容：

(1)投资估算的编制原则、依据、方法。

(2)水土保持投资概述。应附投资估算汇总表、分年度投资表、工程单价汇总表、材料用量汇总表。

(3)防治效果预测。应对照制定的目标，验算六项目标的达到情况。

(4)水土保持损益分析。应从水土资源、生态与环境等方面进行损益分析和评价。

水土保持投资估(概)算是水土保持方案实施的保障，也是控制投资的依据。而效益分析是评价水土保持方案的重要指标。

十一、方案实施保障措施

该部分主要包括以下内容：

(1)组织领导与管理。

(2)后续设计。

(3)水土保持工程招标、投标。

(4)水土保持工程建设监理。

(5)水土保持监测。

(6)施工管理。

(7)检查与验收等。

(8)资金来源与使用管理。

为确保按时保质保量地实施水土保持方案、实现方案确定的目标和保证后续工作的有序进行应实施的各项措施。

十二、结论与建议

(1)水土保持方案总体结论。

(2)下阶段水土保持要求。

根据对主体工程水土保持分析评价和方案可行性分析结论(含效益分析和损益分析结果,可行性分析意见),从水土保持角度看,得出项目建设是否可行的结论。

下一阶段水土保持的要求主要从确保水土保持方案实施方面,对后续设计单位、施工管理部门和施工单位分别提出建议及后续工作需要深入研究的问题。

十三、附件、附表和附图

(1)附件应包括以下内容:①项目立项的有关申报文件、工程可行性研究意见;②水土保持投资估(概)算附表;③其他。

(2)附图应包括以下内容:①项目所在(或经)地的地理位置图;②项目区地貌及水系图;③项目总平面布置图;④项目区土壤侵蚀强度分布图、土地利用现状图、水土保持防治区划分图;⑤水土流失防治责任范围图;⑥水土流失防治分区及水土保持措施总体布局图;⑦水土保持措施典型设计图;⑧水土保持监测点位布局图。

第四节　开发建设项目水土流失防治技术

开发建设项目水土流失防治技术主要有拦渣工程、斜坡防护工程、土地整治工程、防洪排导工程、降水蓄渗工程、植被建设工程、防风固沙工程和临时防护工程等八项。在此重点介绍植被建设工程,其余内容可参考本书第四章、第八章的相关内容和其他工程建设的书籍。

植被建设工程是指在项目直接建设区及周围影响区内的裸露地、闲置地、废弃地、各类边坡等一切能够用绿色植物覆盖的地面所进行的植被建设和绿化美化工程,包括为控制水土流失所采取的造林种草工程和水土保持与园林绿化美化工程相结合的绿化美化工程。如项目区道路绿化、项目区内特用林带(防火林带和卫生防护林带等)的建设,项目区周边绿化、水工程绿化、其他绿化工程(如有条件时可适当建设果园和经济林栽培园,可参考有关书籍),园林化的植树、花卉种植和草坪种植等。在此主要介绍水工程、园林化的植树和草坪种植的内容,其他可参考有关书籍。

一、水工程绿化

常见的水工程有水库、水电站、引水工程、灌溉工程、改河工程、大型防洪工程等,归纳起来实际可分为两类:一是以拦蓄水、发电为主的水库枢纽工程;二是以渠系为特征(引水、灌溉、改河、防洪堤)的河渠工程。其绿化的目的是防冲保土、涵养水源、保护水工建筑物,并与环境改良、水上旅游相组合。

(一)水库枢纽工程

水库枢纽工程绿化主要是以涵养水源、保持水土为主要目的的防护性绿化工程,包括弃土弃渣场、取土场和石料场、配料场等废弃地的整治绿化;坝头两端及溢洪道周边绿化;水库库岸及其周边绿化;坝前低湿地造林;回水线上游沟道拦泥挂淤绿化;水库管理区绿化。

1. 废弃地整治绿化

各类废弃地整治绿化是水库枢纽工程的重点。水工程的废弃地整治后有良好的灌溉水源,就要根据条件营建果园、经济林等有较高效益的绿色工程;也可结合水上旅游进行园林式规划设计。具体技术问题可参考有关规范和书籍。

2. 坝头、溢洪道周边绿化

坝头和溢洪道绿化应密切结合水上旅游规划设计进行,宜乔、灌、草、花、草坪相结合,点、线、面相结合,绿化、园林小品相结合,充分利用和巧借坝头与溢洪道周边的山形地势,创造美丽宜人的环境。

3. 水库库岸及其周边绿化

水库库岸及其周边绿化,包括水库防浪灌木林和库岸高水位线以上的岸坡防风防蚀林。如果库岸为陡峭基岩构造类型,无须布设防浪林,视条件可在陡岸边一定距离布设防风林或种植攀缘植物,以加大绿化面积。因此,库岸防护绿化的重点应布设在由疏松母质组成和具有一定坡度(30°以下)的库岸类型。

(1)防浪林。防浪灌木林一般从正常水位略低的位置开始布置,以耐水湿灌木为主(如柳),布设宽度应根据水面起浪高度计算确定。

(2)防风防蚀林。防风防蚀林除防风、控制起浪、控制蒸发外,还应与周边水上旅游结合起来,构成环库绿化美化景观。林带宽度应根据水库的大小、土壤侵蚀状况等确定,同一水库各地段也可采取不同的宽度,从十米到数十米不等。林带结构可根据情况确定为紧密结构或疏透结构。距离库岸较近的可选择灌木柳及其他耐水湿的灌木树种;在正常水位和高水位之间,采用乔灌木混交型。乔木采用耐水湿的树种,灌木宜用灌木柳,形成良好的结构。在高水位线以上,距水面越远,水分条件较差,应根据立地条件,选择较为耐旱的树种,特别是为了防止库岸周围泥沙直接入库,并防止牲畜进入,可在林缘配置若干行形成紧密结构的灌木带。

4. 坝前低湿地造林

坝前低湿地的水分条件较好,可营造速生丰产林。遇有可蓄水的坑塘,可整治后进行蓄水养鱼、种藕,布局上应与池塘岸边整治统一协调。

5. 回水线上游沟道拦泥挂淤林

回水线上游沟道应营造拦泥挂淤林,并与沟道拦泥工程相结合,如土柳谷坊、石柳谷坊。如果超出征占地范围,应与当地流域综合治理相结合。

6. 水库管理区绿化

水库管理区绿化实际上与生活区绿化相同,属于园林绿地规划设计的范畴。请参考有关规范和书籍。

(二)渠系(含防洪、改河)工程

渠系(含防洪、改河)工程绿化的目的是保护渠系建筑物,防止冲刷、冲淘和坍塌。由于此类工程多数水分条件好或为水湿条件,因此应选择耐水湿的树种,如杨、柳、三角枫、桑树、落羽松和池杉等。布设上应考虑与农田防护林结合。渠道内坡最高水位以上可考虑种植草皮或种植灌木;渠道外坡一般种植灌木,坡脚种植乔木。

二、园林化植树

开发建设项目绿化,在考虑水土保持防护的前提下,会碰到与园林绿化交叉的问题,园林化植树对于工业场地和生活区需要美化的功能区是十分重要的。在整个园林绿化中,乔木和灌木由于其寿命长,并具有独特的观赏价值,其可谓园林绿化的骨架。一般的配置类型有孤植、对植、丛植、群植、带植、风景林和绿篱等多种形式。应根据项目区的功能分区、防护要求、美化目的,在不同的条件下采用不同的配置方式和选择不同的树种。

（一）孤植

孤植就是单株配置,有时也可 2~3 株(同一树种)紧密配置。孤植树是观赏的主景,应体现其树木的个体美,选择树种应考虑体型特别巨大、轮廓富于变化、姿态优美、花繁实累、色彩鲜明、具有浓郁的芳香味等,如雪松、罗汉松、白皮松、白玉兰、广玉兰、元宝枫、毛白杨、碧桃、紫叶李、银杏、国槐、香樟等。孤植树要注意树形、高度、姿态等与环境空间的大小、特征相协调,并保持适当的视距,应以草坪、花卉、水面、蓝天等色彩作为背景,形成丰富的层次。

（二）对植

对植是指两株或两丛树,按照一定的轴线关系左右对称或均衡地配置的方法。用于建筑物、道路、广场的出入口或桥头,起遮阴和装饰作用,在构图上形成配景或夹景,很少做主景。对植有规则式和自然式之分。

1. 规则式对植

规则式对植一般采用同一树种、同一规格,按全体景物的中轴线成对称配置(见图 10-1)。可以是一对或多对,两边呼应,以强调主景。对植树种要求形态美观整齐、树冠大小和高度一致,通常采用常绿树种,如雪松、桧柏、云杉等。

2. 自然式对植

自然式对植是采用 2 株(或丛)不同的树木,在体形上大小不同,种植位置不对称等距,而是以主体景物的中轴线为支点取得均衡,表现树木自然的变化,形成的景观比较生动活泼,如图 10-2 所示。

图 10-1 规则式对植
（树种形态相同的树）

(a)树种相同，形态不同　　(b)树种不同　　(c)树种相同，两株靠近，形成整体

图 10-2 自然式对植

（三）丛植、群植、带植

丛植是由两株以上至十几株乔灌木树种自然结合在一起的配置形式。在树种的选择

和搭配上要求比较细致,以反映树木组成群体美的综合形象为主。丛植可作为园林主景或作为建筑物和雕塑的配景或背景,也可起到分隔景物的功能。

单一树种配置的树丛称为单纯树丛,多个树种配置的称为混交树丛。丛植配置树种不宜过多,形态差异也不应过分悬殊,以便使组成的混交树丛能形成统一的整体,一般来讲,3~4株配置的树丛可选用1~2个树种,随着树丛规模的扩大,选用树种相应增加,但在任何情况下,应有一个基本树丛构成的主体部分,其他树丛则成为从属部分。在大小、形态、多少、高低、色彩变化的组合过程中,始终要注意规则式树丛的对称完整性、自然式树丛的构图均衡性(见图10-3)。

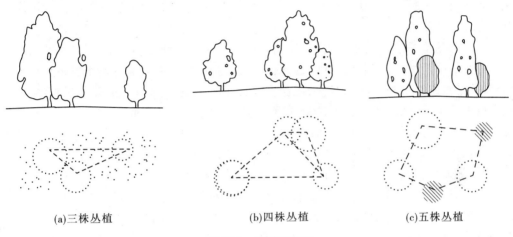

(a)三株丛植　　　　　　　　(b)四株丛植　　　　　　　　(c)五株丛植

图10-3　丛植示意图

从树丛构成的色彩季相上看,由常绿树种组成的树丛,效果严肃,缺乏变化,称为稳定树丛;由落叶树种组成的树丛,色彩季相变化明显,但易形成偏枯偏荣的现象,称为不稳定树丛;常绿和落叶树种组成的树丛则介于两者之间,具有各自的优点,被广泛采用。

带植是带状布设的树群,要求林冠有高低之分,林缘线有曲折变化。带植主要起隔景的功能,也可作为河流与园林道路的配景。

(四)风景林

风景林也称树林,是由乔灌木树种成片或大块配置的森林景观。一般可分为密林(郁闭度0.7以上)和疏林(郁闭度0.4~0.6),也可分为纯林和混交林。主要用于大面积风景区。风景林配置上应注意景物、地形、园林小品、道路等的协调配合;近景和远景呼应;色彩、季相、形态等的配合。

(五)绿篱

绿篱是由耐修剪的灌木或小乔木,以相等距离的株行距,单行或双行排列组成的规则绿带。绿篱具有保护某一景物、规范游人行走路线的作用;也具有分隔景区、屏障视线、形成园林图纹线的作用;亦可作为衬托花境、花坛、雕塑等的背景。

绿篱按高度可分为:绿墙(高度>160 cm)、高绿篱(高度120~160 cm)、中绿篱(50~120 cm)、矮绿篱(<50 cm)。

绿篱按功能和观赏价值可分为:①常绿绿篱,由常绿树种组成,如桧柏、侧柏、塔柏、大叶黄杨、小叶黄杨、女贞、月桂等;②花篱,由观花树种组成,如桂花、栀子、金丝桃、迎春、木槿等;③观果篱,由观果价值高的树种组成,如枸杞、忍冬、花椒等;④刺篱,由带刺树种组成,如黄刺玫、胡颓子、山楂、花椒等;⑤编篱,由绿篱树种编制而成,如杞柳、紫穗槐等;⑥蔓篱,由攀缘植物与木篱、木栅结合形成。

(六)攀缘植物配置

攀缘植物配置种植又称垂直绿化,其树种一般采用具有攀缘功能的藤本植物,在城市绿化中被广泛采用。在开发建设项目中可考虑在公路边坡、排土场石质陡坡等使用。常见的攀缘植物有常春藤、爬山虎、络石等。

三、草坪种植

园林中的草坪亦称"草地"或"草皮",是由多年生的一种或多种草本植物均匀密植、形成成片的绿地。它具有防尘吸尘、保水保土、美化环境、调节气温的功能。草坪在绿化重点区,常常占有较大的面积和重要的位置,与周边的绿化一起构成开朗的园林环境。开发建设项目中草坪常与护坡工程措施结合构成绿色坡面(坡度一般小于30°)。平地草坪也应具有一定的排水坡度,不能产生积水,如运动场草坪排水坡度在0.01左右,游憩草坪排水坡度为0.02~0.05。

(一)草坪的应用类型

(1)按草坪的面积、形状可分为自然式草坪和规则式草坪。①自然式草坪,在绿地中没有固定的形状,一般面积较大,管理粗放,这类草坪允许游人进入内部活动,草地内可以配植花卉、灌木、乔木。自然式草坪一般随地形起伏,形成独特的景色,易于和周围环境协调。②规则式草坪,在园林绿地中一般有规则的几何图案,作为欣赏景物和建筑物的开阔前景,或作为道路、花坛、丛林、水体的装饰和填充。规则式草坪用地需平坦,管理要求也比较精细,一般多为细叶草种。

(2)按草坪植物的组合可分为三种:①单纯草坪,由一种草坪植物组成,如早熟禾、野牛草等,多用于小面积草坪种植,花坛周围、道路边缘、喷泉雕塑周边等;②混合草坪,由多种类型的草坪植物混合播种组成,如紫羊茅、欧剪股颖和黑麦草混合;③缀花草坪,由禾本科植物与少量低矮但开花鲜艳的草花植物组成,如草坪上点缀秋水仙、石蒜、韭兰等,此类草坪多用于自然草坪。

(二)草坪植物选择

草坪植物大部分为多年生禾本科植物(也有少量莎草科植物),耐践踏,植株矮小,枝叶紧密,抗旱性强,观赏期长,并具有发达的水平根茎或匍匐茎的特点。"三北"地区可选用细叶早熟禾、野牛草、硬羊茅、绵羊茅、细叶剪股颖、狗牙根、白颖苔草、燕麦草等。

第五节　水利枢纽工程水土保持方案分析

一、项目区概况

北方某河流的水利枢纽位于两省交界处,该地属于峡谷地带,两岸为基岩。项目区属温带大陆性半干旱气候,年降水量400~450 mm,年平均温度6~8 ℃。区内以黄土为主,植被覆盖率低、水土流失严重。

二、建设项目及水土流失特点

(1)工程规模大,施工场地集中,但工程影响区大。该枢纽工程担负着供水、发电、防洪及防凌等任务,属一等大(Ⅰ)型工程。枢纽大坝为混凝土重力坝,坝高90 m,坝顶长438 m,总库容8.96亿 m^3,电站厂房为坝后式,枢纽总体混凝土工程量为184.55万 m^3,土石开挖量130.46万 m^3。施工场地集中,枢纽区建设范围7.50 km^2,总面积36.35 km^2,但周围环境对水工程影响大,同时水工程对周围环境影响也大,划定的影响区范围28.85 km^2。

(2)枢纽工程地处峡谷,弃渣堆放地点选择困难,弃渣被冲刷的危险性大。枢纽区地处黄河峡谷段,两岸岩石裸露,弃渣场选择困难,多选在沟道和岸边。但相当一部分弃渣难以运到设计的弃渣场地,而是星罗棋布地沿线分散堆放。弃渣流失的危险性较大。

(3)弃渣造成的水土流失危害较大。枢纽工程建设产生的弃渣,大量堆积于滩岸内,侵占部分河床,极易被河水冲刷挟带,造成严重的水土流失。若不采取有效措施,就会对干流河道、下游水利工程及本地区的环境及水厂造成危害。

(4)水蚀风蚀并存,库区防护任务艰巨。枢纽区地处干旱、半干旱区,是干旱草原区、风沙区和黄土丘陵区的过渡地区。地形破碎,水土流失严重,年侵蚀模数为6 000~10 000 t/km^2,侵蚀面积占总面积的95%以上,侵蚀方式以水力侵蚀和风力侵蚀为主,重力侵蚀次之。库区防护任务艰巨。

三、水土流失预测

水利枢纽工程建设过程中,工程建设弃渣606.7万 m^3。根据不同的弃渣方式、弃渣堆放地点,结合水利枢纽工程的特点,对可能流失量进行估算,结果是弃渣可能流失总量占总排弃量的45.3%。

四、水土保持措施

(一)水土保持措施布局

1. 主体建设区

根据水利枢纽工程的特点,新增水土流失的防治,应以工程措施为先导,在主沟道、支沟上建立防洪拦渣和防污拦渣工程,使坡面和沟道弃渣在"点"上得以集中拦蓄;在主河道、公路两侧建立拦渣护堤、排洪渠,使河滩弃渣在道路两侧"线"上得以集中控制。利用工程措施的控制性和速效性,保证近期内建设弃渣不出沟、不下河。在新增水土流失得以集中拦蓄控制的前提下,通过"面"上的林草植被建设和土地复垦利用措施,保护新生地表,改善生态环境,发挥植物措施的观赏性和后效性,实现水土流失防治由被动控制到开发治理的转变。

2. 影响区

影响区在总体上,以基本农田建设作为突破口,保证实现粮食稳定自给,协调解决农林、农牧矛盾,在短期内控制上游泥沙不入河,为退耕还林还草打好基础;其次,利用退耕地,发展高标准的人工草地,建立新的牧草基地,解决因饲草饲料不足而导致的林牧矛盾。林业建设作为改善生态环境、防风固沙的有效措施,不仅为工程建设及当地农牧业发展提供良好的生产条件,而且通过利用植物的观赏特性和季节变化,美化枢纽区的背景景观,从而形成农、林、牧各业相互依存,相互促进,水利枢纽开发建设与影响区环境治理协调发展的局面。

3. 枢纽区绿化美化总体布局

水利枢纽绿化、美化建设,总体上按照园林绿化的布局原则,根据当地地形的变化组织观赏空间,利用地形本身所隐含的意境表达空间的性格特征。

(二)水土保持措施设计

1. 工程措施设计

水利枢纽水土保持工程措施,主要包括防洪拦渣工程、砂石系统污水处理工程和水利枢纽下游河道两岸弃渣防护工程。

防洪拦渣坝的坝体按水坠坝坝型设计,采用宽浅式溢洪道,用混凝土衬砌,挑流鼻坎消能。坝体排水采用堆石棱体排水。砂石系统污水处理工程,根据地形条件,在沟口修建拦污坝,以澄清水质,拦截石粉和弃渣,满足工程要求,拦污坝设计为渗透堆石坝。大坝下游左右岸弃渣防护,为永久性建筑场,为了使防护工程经久耐用,经比选,采用镀锌铅丝固定和连结石笼进行防护。

2. 植物措施和其他措施设计

植物措施主要包括防风固沙林、坝头区和转运站绿化美化及公路两侧的防风固沙林带。

建设过程中形成的大面积挖损区和弃渣场,按照设计进行土地整治,并将其改造为农田或环境绿地。

3. 影响区防护治理

影响区治理以控制原生地面水土流失,促进农业经济发展,保护和改善枢纽区环境条件。安排的主要措施有水土保持治沟骨干工程、淤地坝工程、谷坊、梯田、林草、封育等措施。

上述各项重点工程均有详细设计说明和图件,并以单独附件列出。

(三)年度实施计划

水土保持措施实施期是根据枢纽工程的施工进度及防护需要而确定的,11年完成方案拟订措施的实施任务。第一阶段,主要安排在主体建设区重点解决建设区新增水土流失的危害问题,保护施工安全度汛,控制弃渣汇入河道;第二阶段,重点解决原生地面水土流失及风蚀沙化问题,消缓洪水、沙害对工程安全的威胁,改善工程视角范围的生态环境,为发展当地生产创造必要的条件。

五、投资概算及效益分析

(一)投资概算

该水利枢纽工程水土保持方案概算总投资为 4 318.71 万元,其中静态总投资

3 902.39 万元。建设区总投资 3 805.51 万元,其中静态总投资 3 508.09 万元;影响区总投资 513.2 万元,其中静态总投资 394.30 万元。总投劳 21 万工日,水泥 860 t,钢筋 20.07 t,柴油 506 t,苗木 2 135 万株,种子 2 807 kg。

(二)效益分析

(1)经济效益分析。采用动态经济分析法,按 30 年进行计算,折现率 10% 时,结果为净现值 171.22 万元,益本比 1.1,投资回收年限 13 年,内部回收年率为 21%。

(2)生态效益分析。本方案实施后,可拦截弃渣 624.95 万 m^3,有效控制新增水土流失的 98%,生态环境得到明显改善。

(3)社会效益分析。方案实施后,可保护河流下游电站的正常运行,减少干流下泄泥沙,保护坝下游的施工供水厂、公路、供水管道的安全及枢纽工程运行期正常的发电水位,减轻沟道、支流的洪水泥沙危害,可大大提高枢纽的正常运行能力。

六、方案实施管理

为保证本方案的实施,在组织领导措施方面,成立与环境保护相结合的水土保持方案实施管理机构。在技术保证措施方面,要加强技术培训,培养一支过硬的水土保持技术人员和施工队伍,保证完成本方案的实施任务。水利枢纽工程水土保持方案实施总投资为 4 318.71 万元,建设单位应承担 3 805.51 万元的实施费用,地方承担影响区 513.20 万元的治理费用。

思考题

10-1 简述开发建设项目水土流失的主要特点。

10-2 如何对开发建设项目进行分类?哪些建设项目对生态环境的影响最为突出?

10-3 开发建设项目水土流失防治标准中六项指标的含义分别是什么?

10-4 简述开发建设项目防治标准等级与适用范围。

10-5 何谓水土保持方案?简述编制水土保持方案的主要意义。

10-6 开发建设项目水土保持工程设计可分为哪几个阶段?了解各设计阶段的主要任务。

10-7 简述水土保持方案报告书编写的主要内容。说明报告书中各部分间的相互联系。

10-8 简述开发建设项目水土流失防治技术的主要内容。

参 考 文 献

[1] 王礼先.中国水利百科全书・水土保持分册[M].北京:中国水利水电出版社,2004.
[2] 傅伯杰,陈利顶,马克明,等.景观生态学原理与应用[M].北京:科学出版社,2004.
[3] 肖笃宁,等.景观生态学[M].北京:科学出版社,2004.
[4] 吴发启.水土保持学概论[M].北京:中国农业出版社,2005.
[5] 刘培哲.可持续发展理论与中国21世纪议程[M].北京:气象出版社,2001.
[6] 张洪江.土壤侵蚀原理[M].北京:中国林业出版社,2003.
[7] 王礼先.水土保持学[M].北京:中国林业出版社,2002.
[8] 王礼先.流域管理学[M].北京:中国林业出版社,2003.
[9] 石中元.治理环境[M].北京:中国林业出版社,2004.
[10] 王礼先.水土保持工程学[M].北京:中国林业出版社,2006.
[11] 钦佩,安树青,颜京松.生态工程学[M].南京:南京大学出版社,2002.
[12] 杨士弘,等.城市生态环境学[M].北京:科学出版社,2006.
[13] 孙保平.荒漠化防治工程学[M].北京:中国林业出版社,2000.
[14] 王礼先,王斌瑞,朱金兆,等.林业生态工程学[M].北京:中国林业出版社,2000.
[15] 李文银.水土保持概论[M].太原:山西经济出版社,2004.
[16] 焦居仁.开发建设项目水土保持[M].北京:中国法制出版社,1998.
[17] 中国水利教育协会.水资源开发利用与管理[M].北京:人民日报出版社,2006.
[18] 蔺明华,张来章,等.开发建设项目新增水土流失研究[M].郑州:黄河水利出版社,2008.
[19] 牛越先,杨才敏,等.淤地坝规划设计与施工技术[M].太原:山西经济出版社,2011.
[20] 文俊,李占斌,等.水土保持学[M].北京:中国水利水电出版社,2010.
[21] 郭索彦.水土保持监测理论与方法[M].北京:中国水利水电出版社,2011.
[22] 郭索彦,苏仲仁.开发建设项目水土保持方案编写指南[M].北京:中国水利水电出版社,2010.
[23] 王青兰.水土保持生态建设概论[M].郑州:黄河水利出版社,2008.